Plantas Transgénicas
Beneficios y Riesgos

Emilio Mendoza de Gyves
2014

Plantas Transgénicas.
Beneficios y Riesgos

Copyright © 2014 by Emilio Mendoza de Gyves

All rights reserved. This book or any portion thereof may not be reproduced or used in any manner whatsoever without the express written permission of the publisher except for the use of brief quotations in a book review or scholarly journal.

Primera Edición: 2014

ISBN: 978-1-304-84573-3

Editor: Emilio Mendoza de Gyves

Agradecimientos

Quiero agradecer a los profesores: *Gian Piero Soressi, Renato D'Ovidio, Eddo Rugini* y a mis colegas del '*Dipartamento de Agrobiologia e Agrochimica*' de la Universidad de *La Tuscia*, de Viterbo, en Italia, quienes de alguna manera me motivaron a interesarme por el fantástico mundo de la transgénesis.

Contenido

Contenido vii
Introducción 11
Biotecnología 15
   Concepto y breve historia 15
   Biotecnología aplicada a la Agricultura 17
   Surgimiento de la Revolución Verde 18
   Nacimiento de la Ingeniería Genética 21
   La Biotecnología y la transgénesis 23
Plantas transgénicas 25
   ¿Qué cosa son y para qué sirven? 25
   Diferencias entre OVM, OGM y PGM 26
   Situación global de los cultivos transgénicos 27
¿Cómo se crean las plantas transgénicas? 31
   Refrescando conocimientos de Genética general 31
   Genoma, la enciclopedia viviente 32
   Métodos de transformación genética 35
   Técnica mediante Agrobacterium tumefaciens 39
   Técnica Biobalística o disparo de partículas 43
   Otros sistemas de transformación 45
Usos y beneficios de las plantas transgénicas 47
   ¿Porque se crean los OGM? 47
   Las PGM y la agricultura sostenible 48
   Plantas transgénicas de primera generación 49
   Tolerancia a adversidades abióticas 57
   Plantas transgénicas de segunda generación 61

Plantas transgénicas de tercera generación 66
Riesgos asociados a las plantas transgénicas 75
    Problemas Éticos 76
    Riesgos contra la salud humana y animal 79
    Impacto ecológico-ambiental 88
    Impacto socio-económico 100
Bioseguridad y OGM 105
    Reglamentación de la seguridad 105
    Restricciones al uso de las PGM 106
    La identificación de los OGM 107
    Plantas transgénicas y agricultura ecológica 110
    Plantas cisgénicas, la alternativa 112
Análisis de riesgo/beneficio de los OGM 115
    ¿Es más bueno que malo o más malo que bueno? 115
Conclusiones 119
    Estrategia mundial 123
    Importancia de los debates 125
    ¿Plantas Frankenstein? 126
Referencias 129
Glosario 133

Introducción

Cuando se habla de plantas transgénicas se refiere a organismos vegetales en cuyas células se ha introducido un gen (*transgen*), rara vez más de uno, que codifica rasgos deseables. El *transgen* puede provenir de otra planta de diferente variedad o de una especie diferente, o inclusive de un organismo sin ninguna relación con la planta. La creación de una nueva planta transgénica se puede realizar utilizando metodologías avanzadas de ingeniería genética, conocidas también como técnicas de mejoramiento genético 'no convencionales', con las cuales se controla y se transfiere ADN de un organismo a otro. Los rasgos específicos buscados a través de la ingeniería genética son a menudo los mismos que los que persigue el mejoramiento convencional; al permitir la transferencia directa de genes entre especies diferentes, algunos de los rasgos que anteriormente eran difíciles o imposibles de reproducirse ahora pueden desarrollarse con relativa facilidad.

Estos métodos de ingeniería genética de las plantas fueron desarrollados hace más de 30 años, y desde entonces, existe un debate constante con respecto de si existen o no riesgos. Por un lado, tenemos un bombardeo publicitario alarmista y por el otro, un gran optimismo. En los debates se discuten diferentes puntos de vista entre quienes están a favor y quienes están en contra de las plantas transgénicas. Algunos, favorables a estos métodos, buscan realmente colaborar con el desarrollo de la ciencia para beneficio de la humanidad. Otros tratan, actuando de buena fe sin ninguna duda, de abrir los ojos a la población de un inminente desastre ecológico o de evitar que el control de la agricultura mundial quede en pocas manos. Muchos otros tienen la intención de obtener algún beneficio personal o participan en los debates solo con fines políticos. Aún teniendo un 'cóctel de opiniones' acerca de los transgénicos, casi todos los que de alguna manera intervienen en los debates, coinciden en que la actual agricultura intensiva, basada en un empleo masivo de fertilizantes químicos y plaguicidas, está provocando un impacto ambiental negativo de grandes dimensiones que nuestro planeta no podrá soportar por mucho tiempo.

Por un lado tenemos la excesiva contaminación de nuestros campos y aguas subterráneas. Por el otro, un crecimiento demográfico vertiginoso, principalmente en los países en vías de desarrollo. Algo hay que hacer para que el incremento de la producción de alimentos sea paralelo al crecimiento poblacional disminuyendo el daño a nuestro planeta. Considerando que la disponibilidad de nuevas tierras cultivables se reduce con el pasar de los años, proporcionar alimentos suficientes para la población humana del mundo es cada vez más difícil. En los países con altos índices de crecimiento demográfico, se está haciendo poco o nada por disminuir las tasas de natalidad. Entonces tenemos que recurrir al incremento de la producción de alimentos, por lo menos al mismo ritmo que el aumento de la población.

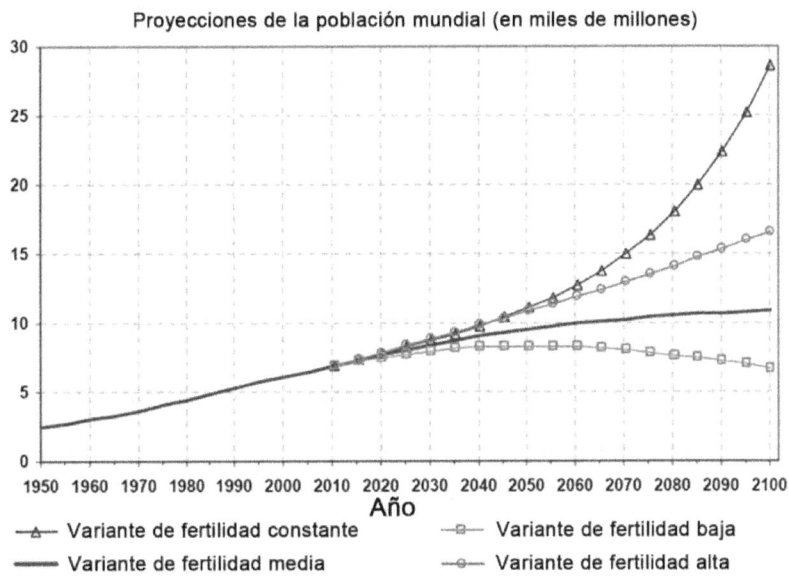

Fuente: Population Division of the Department of Economic and Social Affairs of the United Nations Secretariat (2013). World Population Prospects: The 2012 Revision. New York: United Nations.

De acuerdo a las proyecciones del crecimiento poblacional de las Naciones Unidas (revisión 2012, publicada en 2013), para alimentar la población mundial en 2050 (más de 9 mil millones de personas) se requerirá aumentar la producción global de alimentos en un 70 %. Ni utilizando el máximo de la superficie cultivable se podrán cubrir esos requerimientos.

Los cultivos transgénicos ofrecen la posibilidad de resolver muchos de los problemas, pero se corre el riesgo de crear otros. Existen pocas alternativas, como la agricultura orgánica. Este grupo de técnicas agrícolas, conocido también como Agricultura Eco-compatible utiliza variedades tradicionalmente adaptadas a la región, abonos orgánicos, biopesticidas, etc. Este tipo de agricultura es apoyado por múltiples prácticas agronómicas, como la rotación de cultivos y el fomento de la asociación entre diversas plantas. Da como resultado un producto de muy alta calidad. Las preguntas obligadas son: ¿Este tipo de Agricultura puede realizarse en los países en vías de desarrollo? ¿El costo de un producto con semejantes características podrá ser pagado por la población de escasos recursos? Actualmente sabemos que dichos productos no tienen un precio accesible. La Agricultura Orgánica por sí sola, no podrá incrementar sustancialmente la producción mundial. Para asegurar el aumento sostenible en la producción de alimentos para los próximos 30 años manteniendo un área similar de tierra cultivable y con el menor daño posible al ambiente, se requerirá de una estrategia mundial integrada.

Biotecnología

Concepto y breve historia

Con el término Biotecnología se denomina a cualquier proceso productivo que utilice sistemas biológicos y organismos vivos o sus derivados para la obtención de bienes y servicios. Basándose en esta definición nos podemos dar cuenta que desde hace miles de años la humanidad ha estado aplicando la biotecnología aunque en forma empírica. Por ejemplo, los antiguos pueblos elamitas, egipcios y sumerios (3500 años a.c.) ya elaboraban cerveza a partir de cebada que dejaban fermentar en agua. Existen muchos otros ejemplos de procesos biotecnológicos realizados de modo empírico desde la antigüedad de los cuales podemos citar algunos: la fabricación de alimentos y bebidas fermentadas como el yogurt y el queso utilizando bacterias lácteas; o como el vino, el vinagre, la salsa de soya, etc., la elaboración de pan de levadura o el cultivo de champiñones. Muchos de estos procesos eran tan efectivos en el pasado que aún hoy seguimos utilizando el mismo método básico. La única diferencia es que en la actualidad ya se conocen los principios que gobiernan cada una de estas técnicas. Por supuesto, muchos de estos principios se empezaron a conocer con la llegada de la biología moderna, y en muchos casos, la base de muchos de estos procesos era todavía desconocida en el siglo XIX.

Gracias a los estudios realizados por Louis Pasteur a mitad del siglo XIX, se descubrió que en las fermentaciones participaban directamente los microorganismos. A partir de entonces se empezaron a desarrollar las primeras instalaciones industriales para la producción de grandes cantidades de etanol, ácido acético, butanol y acetona, utilizando fermentaciones controladas al aire libre. Este progreso impulsó al mejoramiento de las técnicas de microscopía que ayudaron al mayor conocimiento sobre el control de microorganismos manteniendo mejores condiciones asépticas (condición libre de microorganismos en un área) y control de cada una de las cepas separándolas de otras. Con estos conocimientos se desarrollaron las técnicas antisépticas como la esterilización y la pasteurización y por lo tanto, se desarrollaron las técnicas de cultivo *in vitro* en laboratorio. A partir del siglo XX se empezaron a profundizar los conocimientos sobre los procesos enzimáticos y metabólicos de la fermentación. La bioquímica y la microbiología unieron esfuerzos para desarrollar procedimientos para producir enzimas como la amilasa, invertasa, proteasa, etc. Más adelante, con la ayuda de la ingeniería química se procedió a la producción de ácidos orgánicos, polisacáridos, vacunas y antibióticos. Unos años más tarde se lograron mejorar los procesos para la obtención de metabolitos como los aminoácidos y las vitaminas.

Después se mejoraron los procesos de fermentación con las técnicas de inmovilización de células y enzimas en soportes, y con la fermentación continua para obtener proteínas de células.

Biotecnología aplicada a la Agricultura

En la antigüedad también existía una Agrobiotecnología empírica, iniciando de manera inconsciente con las actividades más simples de selección. El hombre ha modificado las plantas cultivadas desde hace más de 10 mil años para adaptarlas a sus propias exigencias. De hecho, las especies cultivadas en el actual sistema agrícola son el resultado de la selección empírica operada por el hombre sobre los genotipos de especies silvestres, hechas sobre variaciones o mutantes naturales, que mostraban una mejor adaptación a las condiciones de cultivo y cosecha o que poseían mejores características alimentarias (por ejemplo organolépticas o de mejor digestión). El ejemplo clásico de la intervención fundamental del hombre primitivo sobre la naturaleza, está representado por la selección por parte el hombre neolítico en el preferir la cosecha y sucesivo cultivo de las semillas de un genotipo mutante de trigo silvestre que presentaba una planta con tallo rígido más que una planta con tallo frágil. En condiciones de selección natural la *fitness darwiniana* de los individuos mutantes a tallo rígido es seguramente inferior a la de los genotipos 'normales' a tallo frágil a causa de la reducción en la capacidad de dispersión de su semilla. Sin embargo, la selección por parte del hombre neolítico permitió la difusión de aquel mutante que está todavía hoy en su forma cultivada. Aparentemente, esta simple operación de selección artificial contribuyó a dar inicio a la agricultura y a afirmar la injerencia del hombre sobre la naturaleza y sobre el proceso de selección natural, que llegará a ser más evidente en el curso de los siglos, gracias a la adquisición de conocimientos biológicos siempre más profundos.

Surgimiento de la Revolución Verde

Técnicas de mejoramiento genético convencionales. El término revolución verde fue utilizado para indicar un nuevo sistema surgido para mejorar la producción agrícola. La utilización de variedades de plantas genéticamente seleccionadas, junto a fertilizantes y fitofármacos, y al desarrollo de eficientes sistemas de irrigación y de una buena disponibilidad de inversiones en maquinaria agrícola, permitió un incremento significativo de la producción agrícola en gran parte del mundo entre los años cuarenta y los años setenta del siglo pasado.

La revolución verde llegó después de un largo período en la cual el hombre cumplía las funciones de un simple seleccionador de variabilidad natural y debido a un mayor interés por conocer los mecanismos de reproducción de las plantas, condujo a la investigación hacia la producción controlada de híbridos, incluyendo los interespecíficos (entre especies). Durante estas investigaciones fueron estudiadas exhaustivamente las funciones del polen y del óvulo en las flores. Estos conocimientos dieron un fuerte impulso a la aplicación del mejoramiento genético en la agricultura. Este movimiento suscitó el redescubrimiento de los resultados de Mendel sobre la teoría de la herencia, las leyes que regulan la transmisión genética. La continua demanda de variabilidad genética en la cual poder obtener los caracteres útiles llevó a los *hibridadores* del siglo XX a producir toda una serie de cruzas intraespecíficas e interespecíficas, forzando artificialmente el sistema genético que rige a la integridad de la especie.

Contribución de la Mutagénesis en el mejoramiento genético

La producción de genotipos con características deseadas por el hombre ha dado una fuerte tracción adicional con el descubrimiento, en el año 1953, de la estructura de doble hélice del ADN por parte de James Watson y Francis Crick, la molécula de la herencia. Cada gen, por procesos naturales, puede sufrir una o más modificaciones que después serán trasmitidas a los descendientes. Estos 'nuevos' individuos, que presentan por lo tanto un ADN modificado, se definen 'mutantes'. Por lo tanto 'mutantes' y 'mutaciones' son términos científicos que identifican lo que sucede en la naturaleza, aunque el público lo percibe como términos negativos. Si no hubieran existido las mutaciones naturales, los hombres, los animales, las plantas, las bacterias, todos los seres vivos, serían idénticos y esta homogeneidad no habría permitido la variabilidad y la diversidad genética de cual hoy se habla tanto.

Tomando como base estos conocimientos, los esfuerzos se concentraron a nivel del ADN desarrollando metodologías capaces de alterar más o menos drásticamente la organización 'natural' del genoma de las especies con la intención de producir las variaciones genómicas cuya manifestación fenotípica resultara útil con la finalidad de conocimiento y/o de aplicación. La Mutagénesis, ya sea química que física, representa, probablemente la metodología más drástica utilizada para alterar la organización del genoma, ya que es completamente circunstancial y capaz de causar mutaciones múltiples y casuales. La aplicación de esta metodología determinó un cambio radical en el sector del mejoramiento genético, desde los años cincuenta, cuando la continua investigación de nueva variabilidad de donde poder disponer para seleccionar los caracteres útiles, favoreció notablemente la aplicación de la técnica de la Mutagénesis. Este cambio radical no fue solo ejecutivo, sino también conceptual debido a que el hombre, de un simple 'seleccionador' y sucesivamente 'mezclador' de la variabilidad natural, se convierte en 'creador' de nueva variabilidad de la cual poder disponer de caracteres útiles para seleccionar.

Aproximadamente 2000 variedades cultivadas han sido obtenidas con esta metodología.

Nacimiento de la Ingeniería Genética

Paralelamente al periodo de la revolución verde, surgió la nueva era de la biotecnología gracias al desarrollo de la biología molecular, con la cual se logró intervenir directamente sobre los procesos de la herencia y de la expresión genética. Entre los eventos que contribuyeron al desarrollo del mejoramiento genético vegetal utilizando técnicas avanzadas, se encuentran el descubrimiento de la enzima ADN polimerasa, la molécula responsable de la duplicación del ADN, e inmediatamente después el RNA Mensajero que transfiere la información del ADN al aparato celular que produce las proteínas. En el 1966 fue descifrado el lenguaje del código genético concluyendo que éste está constituido por tripletes de bases. Se creó el concepto de *operón*, como unidad de expresión y regulación a nivel de transcripción. A fines de los años sesenta, fueron descubiertas las enzimas de restricción, hoy utilizadas en ingeniería genética junto a la enzima ADN ligasa para cortar y pegar los fragmentos de ADN. Durante los años setenta fue producida la primera molécula de ADN recombinante. Sucesivamente, los conocimientos, principalmente sobre hormonas vegetales, aportaron al desarrollo de metodologías de Mejoramiento Genético que utilizan cultivos celulares o de tejidos, incluyendo la micropropagación, la variación somaclonal, los cultivos haploides, la hibridación somática y finalmente la transformación genética. Estos conocimientos pusieron a funcionar un conjunto de técnicas no convencionales para facilitar la transferencia de información genética de un organismo a otro. La inserción de un gen bien caracterizado en células vegetales y la sucesiva regeneración de plantas fértiles con un 'nuevo' gen integrado en su genoma permitió la obtención de las primeras plantas transgénicas.

La ingeniería genética es un conjunto de técnicas que permite modificar el ADN, corrigiendo, agregando o eliminando algunas características. Con este término se indica la acción de operar en un proyecto (Ingeniería) dentro el patrimonio genético de un organismo viviente. Con la ingeniería genética es posible, por ejemplo, impedir que un organismo produzca una toxina (o sea una proteína tóxica, nociva), o introducir un gen que le permita a la planta la resistencia a una enfermedad o simplemente sustituir una pareja de genes que no funciona con una que si funciona. Las técnicas que comprenden la ingeniería genética son el resultado de la necesidad de encontrar métodos más precisos y veloces para tener mayor disponibilidad de variabilidad genética. Los cruzamientos convencionales ponen en juego al organismo entero, las técnicas *in vitro* utilizan como recurso las células que lo componen. La ingeniería genética baja un escalón más en el complejo biológico del organismo manipulando directamente las moléculas que constituyen el patrimonio genético de las células. La ingeniería genética actúa directamente sobre los genes no solo para modificarlos, transferirlos y recombinarlos sino que también puede construir otros nuevos contando con el apoyo fundamental de la biología molecular.

La Biotecnología y la transgénesis

La Biotecnología moderna representa el sector de aplicación de la biología que actualmente interactúa con numerosas otras disciplinas entre las cuales, la microbiología, la biología molecular, la bioquímica, la genética, la inmunología, la biología celular, la fisiología vegetal y otras disciplinas que tratan la tecnología de los bio-procesos. Muchas de estas disciplinas han contribuido a la creación y desarrollo de la **transgénesis**, el proceso de incorporar genes en un organismo. La transgénesis es el proceso biotecnológico para generar plantas y animales transgénicos.

La transgénesis vegetal forma parte de la Biotecnología aplicada y en un principio fue desarrollada para beneficio exclusivo de la agricultura. Sin embargo, dentro de pocos años tendrá un beneficio directo también en la industria. Los vegetales transgénicos representan el resultado más reciente de un proceso empezado hace muchísimos años por Gregorio Mendel mediante la publicación de sus observaciones realizadas sobre los cruzamientos de chícharos lisos o rugosos y sobre las leyes de la transmisión de los caracteres hereditarios. Los primeros experimentos transgénicos fueron hechos en organismos microscópicos. El primer paso fue dado en 1973 cuando se transformó por primera vez una bacteria, la *Escherichia coli*. Poco después se realizó la primer transferencia de genes en un mamífero, mientras que en campo vegetal se hicieron rápidos progresos desde 1983, cuando se obtuvo la primera planta transgénica de tabaco.

Plantas transgénicas

¿Qué cosa son y para qué sirven?

En el caso específico de los organismos vegetales, se trata generalmente de plantas utilizadas en la agricultura, que son modificadas genéticamente para hacerlas resistentes a un parásito o una enfermedad, o para ayudarles a soportar condiciones climáticas difíciles como la sequía o las heladas, o para permitir que sean cultivadas en terrenos poco aptos a la agricultura, como aquellos demasiado ricos en sales. Una planta puede ser modificada además para mejorar su contenido nutritivo o para desarrollar características útiles a su transformación alimentaria, por ejemplo para aumentar el contenido de proteínas en el trigo para la panificación, o para reducir las grasas en el aceite de colza. Además, en un futuro no muy lejano, se utilizarán plantas que tradicionalmente no se han utilizado en la agricultura, pero que presentan algunos beneficios potenciales para la producción de medicinas, e inclusive, materiales químicos de uso industrial, como por ejemplo, plásticos biodegradables.

La razón por la cual se desea modificar genéticamente una planta, es la misma que impulsó hace años los métodos de mejoramiento convencionales. Los objetivos de satisfacer las exigencias de entonces son los mismos, cambian sólo las técnicas.

Diferencias entre OVM, OGM y PGM

Los Organismos Genéticamente Modificados (OGM) son organismos vivientes (animales, plantas o microorganismos) cuyo patrimonio genético ha sido modificado artificialmente utilizando las técnicas de la ingeniería genética. El término técnico legal, 'Organismo Viviente Modificado' (OVM), fue definido en el Protocolo de Cartagena en Bioseguridad, se refiere a: "cualquier organismo viviente que posee una combinación de material genético obtenida mediante el uso de biotecnologías modernas".

Particularmente hablando de 'OGM vegetales', o sea, Plantas Genéticamente Modificadas (PGM), uno o más genes tomados de otros organismos, incluyendo aquellos filogenéticamente lejanos, se introducen en el genoma de la planta que se quiere modificar. Por lo tanto, una planta se considera transgénica o PGM cuando contiene un gen modificado a través de la ingeniería genética. Cabe hacer la aclaración, que una planta **no** se considera PGM si el mismo gen o el genoma entero ha sido modificado utilizando técnicas convencionales (cruzamientos entre plantas fértiles compatibles manipulados por el hombre). También se hace hincapié en que la ley no considera tampoco como PGM a las plantas obtenidas mediante la fusión de células en laboratorio pertenecientes a especies diferentes o cuyo ADN haya sido modificado empleando productos químicos o físicos (rayos X y rayos gama) que causan mutaciones genéticas (modificaciones en modo casual). En síntesis, lo que identifica una PGM es solo la técnica con la cual ha sido efectuada la modificación: dos plantas idénticas en su ADN pueden ser una PGM y la otra 'natural' o no PGM, sólo porque fue obtenida a través de la ingeniería genética.

En la acepción común, se tiene la tendencia a utilizar indistintamente el término *planta transgénica* o *cultivo OGM* para referirse a las plantas modificadas genéticamente descuidando un poco las reales definiciones técnicas. En esta obra hacemos la distinción de OGM y PGM, pues si bien, esta última pertenece al grupo de la primera, no reciben el mismo trato de la crítica por lo que respecta los potenciales riesgos a la salud y al ambiente como se discutirá mas adelante.

Situación global de los cultivos transgénicos

Entre el 1996, año en el cual se iniciaron en los Estados Unidos las primeras siembras de cultivos transgénicos en pleno campo, y el 2006, las superficies cultivadas con plantas transgénicas pasaron de pocas centenas de hectáreas a casi 80 millones de hectáreas en el mundo, involucrando una docena países. Desde entonces se ha ido teniendo un progresivo aumento en el cultivo de plantas genéticamente modificadas en el mundo hasta nuestros días. Según el reporte ISAAA, por su sigla en inglés *International Service for the Acquisition of Agri-biotech Applications* (James, 2012), los cultivos transgénicos comercializados se encuentran concentrados principalmente en 18 países llamados mega-productores, de los cuales, 5 industrializados y 13 en vías de desarrollo. Estados Unidos es el mayor productor de los llamados cultivos *biotech* con más del 40 % del total de la superficie cultivada con transgénicos en el mundo (soya, maíz, algodón, colza, calabaza, papaya y alfalfa). Lo siguen Brasil (21 %; soya, maíz y algodón), Argentina (14 %; soya, maíz y algodón), Canadá (6.8%; colza, maíz y soya), India (6.3 %; algodón), China (2.3 %; algodón, papaya, álamo, tomate), Paraguay (1.9 %; soya, maíz y algodón), Sudáfrica (1.7 %; maíz, soya y algodón), Pakistán (1.6 %; algodón), Uruguay (0.8 %; soya y maíz), Bolivia (0.5%; algodón y soya), Filipinas (0.4 %; maíz), Australia (0.4 %; algodón y colza), Burkina Faso (0.1%; algodón), Myanmar (0.1 %; algodón), México (0.1 %; algodón y soya), España (0.03 %; maíz) y Chile (0.03%; maíz, soya y algodón). El resto de los países productores de cultivos transgénicos se consideran de poca incidencia (Colombia, Honduras, Sudán, Portugal, República Checa, Cuba, Egipto, Costa Rica, Rumania y Eslovaquia), los cuales siembran menos de 50 mil hectáreas al año cada uno. Según el mismo reporte, el área total cultivada en el mundo con plantas transgénicas durante 2012 alcanzó más de 170 millones de hectáreas. Brasil es el país latinoamericano con mayor área dedicada a la plantación de transgénicos, mientras que España sigue siendo el país con mayor área en la Unión Europea. Estados Unidos continúa a promover abiertamente los cultivos transgénicos, mientras que la Unión Europea impuso ciertas restricciones en el ámbito de la producción y comercio de éstos con la ley CE-1829/2003. Sólo algunos productos GM fueron autorizados para el mercado europeo y éstos están sujetos a normas estrictas de rastreabilidad y etiquetado. No obstante en Europa se permita la investigación sobre mejoramiento genético utilizando las técnicas avanzadas, los financiamientos públicos han disminuido para este sector y la iniciativa privada no encuentra incentivos. Lo curioso es que las plantas transgénicas cultivadas hasta ahora en todo el mundo, utilizan básicamente dos categorías de genes: tolerancia a herbicidas y resistencia a insectos (lepidópteros). La utilización de genes que dan tolerancia a herbicidas ha sido seguramente una gran transacción para quien vendía semillas y herbicidas, pero ha creado un fuerte resentimiento en la opinión pública (principalmente europea), quien observa en esta operación únicamente los riesgos que se corren (de los cuales se hablara más adelante) sin ver ningún beneficio para la comunidad.

¿Cómo se crean las plantas transgénicas?

Refrescando conocimientos de Genética general

Para poder entender mejor los mecanismos utilizados en la transferencia de genes, tenemos que refrescar nuestros conocimientos básicos de genética. En esta sección veremos una analogía hecha entre el genoma de un organismo y una enciclopedia para ayudar a comprender mejor el funcionamiento de los métodos que crean las plantas transgénicas.

Los genes son la unidad elemental de la herencia, es decir los caracteres que un organismo trasmite de una generación a la siguiente. Los genes son secuencias que forman una sustancia llamada ADN (ácido Desoxirribonucleico), del que están formados los cromosomas que se encuentran en el núcleo de las células y en los cuales se 'guarda' la información hereditaria. El conjunto de genes de una determinada especie se llama genoma. Cada célula posee dos copias de cada gen y cada gen contiene la información para producir una proteína específica. Por ejemplo, en el tomate, el gen responsable del color amarillo de la flor, permite la síntesis de una proteína en los pétalos que convierte una sustancia química transparente en un pigmento amarillo. Cuando este gen se trasmite a la generación sucesiva, se trasmite también la capacidad de producir ese pigmento.

Genoma, la enciclopedia viviente

Partiendo de la definición de que el genoma es el conjunto de las informaciones genéticas que un organismo posee, podemos hacer una analogía. Podemos imaginar que el genoma de un organismo equivale a una gran enciclopedia, en la cual, los volúmenes que la constituyen son los cromosomas y los párrafos contenidos en esos volúmenes representan a los genes. Para dar algunos ejemplos, el número de genes (párrafos) presentes en las bacterias es de aproximadamente 4,000, mientras que las plantas poseen unos 30,000 y el hombre alrededor de 20,000. Muchos genes son comunes en casi todos los organismos.

A su vez, las palabras contenidas en los párrafos, podrían representar a los nucleótidos, en cuyas secuencias se tienen todas las informaciones que sirven para el desarrollo de la vida del organismo. Las palabras que componen los párrafos están escritas con un alfabeto de sólo cuatro letras, A, T, C y G, y que corresponden a cuatro bases nitrogenadas o nucleótidos: A=adenina, T=timina, C=citosina y G=guanina. No obstante el alfabeto sea de 4 letras, los párrafos se forman con palabras de sólo tres de ellas llamadas *codones*, constituidas por las secuencias de tres nucleótidos, por ejemplo ACU, CAG, UUU. Cada una de las cuales está asociada a la elaboración de un aminoácido particular. Por ejemplo, la timina repetida en una serie de tres (UUU) codifica la fenilalanina. Utilizando grupos de tres letras se pueden tener hasta 64 combinaciones diferentes (4^3), las cuales tienen la capacidad de codificar los 20 aminoácidos existentes en la naturaleza. La combinación de hasta 64 tripletes posibles y solo 20 aminoácidos, nos indica que algunos tripletes no codifican ningún aminoácido, pero representan *codones sin sentido*, o sea que indican el punto en el cual termina la secuencia que codifica la proteína correspondiente al interior del gen. La secuencia linear de estas letras en diferentes combinaciones compone todo nuestro patrimonio genético. La sucesión de estas letras entre un ser humano y otro es muy parecida, pero no es idéntica. Obviamente que la secuencia entre especies diferentes será ligeramente mayor.

Cuando una célula se divide para reproducirse, sería como si esa *enciclopedia* se copiara enteramente y se dejara toda la información en herencia a las nuevas células. Como mencionado anteriormente, cada especie viviente dispone de una *enciclopedia* diversa y cada individuo de la especie posee una versión personalizada. Pero el lenguaje con el cual está escrito (el código genético) es universal. Esto quiere decir que todos los organismos vivientes, de hecho, aunque dispongan de genomas muy diferentes, están escritos en el mismo idioma. Esto ha permitido que en el curso de la evolución hayan habido intercambios de un organismo a otro y de una especie a otra. La presencia de genes específicos, el número total de genes y su diferente combinación es la manera en la cual interaccionan entre ellos. En el caso que nosotros pudiéramos introducir una secuencia de letras proveniente de otro organismo o si solo modificáramos de alguna manera dicha secuencia identificada previamente como de nuestro interés, las funciones de todo el organismo podrían cambiar. Se podría introducir o impedir una función en un organismo o simplemente activarla en un momento determinado.

La proteínas, las enzimas. El ADN, la sustancia de la cual están constituidos los genes, por sí solo, no tiene ninguna función directa, así como no tienen las letras que forman el texto de la enciclopedia a menos que sean leídas. Para desarrollar una función, el ADN debe ser, por lo tanto, leído y la célula dispone de un mecanismo apropiado para hacerlo. Si un párrafo de la *enciclopedia-genoma* está dedicado a la manera de digerir un azúcar como la glucosa, las célula lee los diferentes párrafos (genes) de aquel volumen a través de una serie de enzimas (que son un tipo particular de proteínas) que le dan la capacidad de digerir la glucosa y de transformarla en energía. Cada proteína desarrolla una función biológica específica en la célula, en nuestro caso, habrán varias enzimas que por pasajes sucesivos transformarán la glucosa en subproductos obteniendo energía.

Métodos de transformación genética

Se han desarrollado varios métodos de transformación genética, que se pueden dividir en dos grupos de acuerdo al mecanismo utilizado para la transferencia: los métodos basados en la utilización de vectores biológicos, como *Agrobacterium tumefaciens* o virus vegetales y los métodos que consisten en la transferencia directa de ADN, como por ejemplo la *biobalística*.

Requisitos en la especie receptora del gen

El material vegetal que se desea transformar necesita cumplir con un requisito muy importante y es el de poseer la habilidad de regenerar un individuo completo a partir de una célula o un tejido cultivados *in vitro*. Se buscan partes de la planta con tejidos que contienen células totipotentes, es decir, células somáticas que individualmente tienen la capacidad de desarrollarse y diferenciarse para formar un organismo entero. Cada especie y cada tipo de tejido responde en forma diferente. Existen especies recalcitrantes que no se prestan a la regeneración, tal es el caso del frijol común (*Phaseolus vulgaris*) que no permite la obtención de una planta transgénica entera a partir de células o tejidos ya transformados.

A veces los tejidos de una parte de la planta tienen mayor capacidad de diferenciarse que otros. Por lo tanto es necesario encontrar el protocolo *ad hoc* de técnicas muy útiles como la regeneración (organogénesis, embriogénesis somática) para cada especie o tipo de tejido. La micropropagación y el cultivo de embriones son técnicas que al final darán también apoyo a la transformación genética. Contando con la propiedad de totipotencia del tejido elegido y con la ayuda del cultivo *in vitro* pueden controlarse los procesos bioquímicos, fisiológicos y genéticos que regulan el desarrollo de las células hasta la formación de un individuo entero capaz de transmitir la nueva información genética a su descendencia.

Componentes de una construcción génica

Para la obtención de plantas transgénicas se deben seguir varios pasos de preparación utilizando los métodos de ADN recombinante. Antes que todo, se debe identificar el gen de interés que se desea introducir en la planta que se desea modificar.

Principales componentes de una construcción génica también llamado casete de expresión.

Componentes de la construcción génica				
Promotor	Gen de interés	Gen marcador	Gen *reporter*	Terminador
Ejemplos				
35s	cualquier gen útil	*nptII*	GUS	nos-ter

Este gen, como se ha dicho antes, puede provenir de otra planta aunque ésta sea botánicamente lejana, o su origen puede ser una bacteria, virus o hasta un animal.

Una vez identificado el gen se procede a su aislamiento y a la preparación de una construcción génica, o sea de la secuencia de ADN que contenga, además del gen de interés, el *promotor* y los componentes necesarios para poder seleccionar las células transformadas y que el gen pueda expresarse en el organismo hospedante. El *promotor* es una secuencia de ADN que contiene la información necesaria para que, bajo ciertas condiciones específicas, active o desactive la expresión del nuevo gen insertado. Uno de los *promotors* más usados es el extraído del virus del mosaico de la coliflor (35S). El *gen marcador* es un segmento determinado de ADN que permite seleccionar las células vegetales transformadas entre las no transformadas. Se basa, por ejemplo, en genes que confieren resistencia a antibióticos. Una vez que la construcción génica ha sido incorporada en las células vegetales, el gen que confiere resistencia al antibiótico 'defiende' a las mismas células de la toxicidad del antibiótico que ha sido agregado al medio de cultivo. Las células que no han recibido la construcción génica mueren. Uno de los genes marcadores más utilizados es el *nptII*, que da resistencia al antibiótico kanamicina, pero se pueden utilizar otros genes que dan resistencia a antibióticos como la higromicina, gentamicina, estreptomicina, etc., o bien, se pueden utilizar genes que confieren resistencia a herbicidas como EPSP sintetasa que da resistencia al herbicida glifosato. Junto al gen de interés, para la selección de los transformados, se usan generalmente otro gen llamado *reporter*, que ayuda en la verificación de la correcta realización de la transformación. Este gen codifica un marcador fenotípico fácilmente perceptible. Por ejemplo el gen *gus* codifica la enzima *beta-glucuronidasa* que en presencia de un apropiado substrato produce una sustancia de color azul oscuro. Las células vegetales que se colorean de azul indican que fueron transformadas. Otro gen *reporter* es el que codifica la *proteína verde fluorescente* o *GFP* (por sus siglas en inglés: *green fluorescent protein*), la cual emite fluorescencia en los tejidos transformados si se excitan bajo los rayos UV.

Una vez que el gen ha sido individuado, se copia muchas veces con la técnica PCR (del inglés Polymerase Chain Reaction) que permite la generación de grandes cantidades del gen a partir de pequeñísimas cantidades. En este modo, el fragmento de ADN amplificado se aísla del ADN donante utilizando las enzimas de restricción que cortan el ADN en puntos precisos. Sucesivamente, se utiliza otra enzima, la ADN ligasa, que puede 'pegar' otra vez los fragmentos poniéndolos juntos en el orden deseado para ser incorporado a un sitio específico del ADN receptor. Estos pasajes previos a la transformación se les conoce como la técnica de 'corta, copia, pega', la cual permite la preparación de la construcción génica que contiene, además del gen de interés, el *promotor* y los componentes tal como apenas se ha mencionado. Con este sistema es posible la construcción de nuevas secuencias genómicas. A este punto el gen seleccionado está listo para ser transferido e integrado en su nuevo genoma mediante una técnica de transformación genética.

Técnica mediante Agrobacterium tumefaciens

Esta tecnología utiliza como vector de transferencia un microorganismo presente comúnmente en el suelo: el *Agrobacterium tumefaciens*, un 'ingeniero genético natural'. Se trata de un microorganismo innocuo para los animales y para el hombre que se encuentra comúnmente en el suelo y que para sobrevivir en la naturaleza, se beneficia de las plantas en las cuales se introduce, modificando su genoma para poder obtener ventajas alimentarias. Las células vegetales que han incorporado en su genoma el fragmento de ADN introducido por la bacteria mediante infección, se transforman en células tumorales y son obligadas a producir hormonas vegetales de las cuales el microorganismo se nutre. El *Agrobacterium* posee un solo cromosoma y comúnmente da alojo también a un pequeño pedazo circular de ADN llamado ADN plasmídico, el cual es el responsable directo de la transformación de células vegetales sanas en tumorales. Se ha comprobado que *Agrobacterium* sin el plásmido, llamado Ti (del inglés *Tumour inducing*) es totalmente inocuo. Al momento de la infección, la bacteria se adhiere a la célula vegetal introduciendo un fragmento del plásmido Ti. Este fragmento, denominado T-ADN (ADN de transferencia) se acopla perfectamente al ADN de las células infectadas convirtiéndose desde ese momento, en parte integrante de su patrimonio genético. La información genética contenida en el T-ADN hace funcionar los mecanismos de transducción que provocan la síntesis de ciertas sustancias útiles para el desarrollo de la bacteria. De esta manera, el *Agrobacterium* crea un mundo totalmente suyo respecto a los otros microorganismos del suelo, venciendo así la lucha por la supervivencia. Esta extraordinaria propiedad de *A. tumefaciens* de poder transferir fragmentos de ADN en el genoma de la célula vegetal hizo entrever la posibilidad de utilizar a la bacteria para la transferencia de genes útiles en las especies de interés agronómico. Por este motivo las cepas de *Agrobacterium* y plásmidos Ti han sido manipulados genéticamente para hacer el sistema eficiente y no perjudicial (incapaz de inducir tumores en las plantas). Un pariente cercano, el *Agrobacterium rhizógenes*, realiza una forma de parasitismo similar, pero provoca el crecimiento indeterminado de raíces de la planta infectada en lugar de la inducción de tumores.

La ingeniería genética aprovecha este fenómeno para transferir uno o más genes usando como vehículo la bacteria. Esta técnica prevé la sustitución de los genes que codifican las sustancias útiles para la bacteria, con los genes útiles para el hombre. La bacteria se convierte en un *micro-ingeniero* genético del hombre. Se descubrió que la única parte del T-ADN indispensable para su transferencia a la célula vegetal, está constituida por dos secuencias cortas de nucleótidos a los extremos del mismo T-ADN. Al interior de ellos, el T-ADN puede ser sustituido con cualquier ADN (aquel individuado y aislado precedentemente). Las secuencias de los extremos llevarán a la transferencia y a la integración en las nuevas células vegetales. En el T-ADN del plásmido Ti, se elimina la región del gen tumoral y se dejan intactas las secuencias terminales y la señal que normalmente permite su expresión y en este modo se construye un vector ideal listo para la transformación de las células vegetales. Una vez que ha sido preparado y cargado *Agrobacterium* con el gen por transferir a la planta hospedante, se preparan las células de un tejido de la planta con capacidad regenerativa (células totipotentes). Estas células se mezclan con las bacterias ingenierizadas con el nuevo tramo cromosómico por algunas horas para favorecer la infección. Durante el contacto con las células, las bacterias transfieren el ADN recombinante constituido por las terminales del T-ADN, el promotor y el gen o genes ajenos que se deseaban transferir. Las terminales insertan el gen en el genoma vegetal. Después de la *co-cultivación*, la bacteria se elimina utilizando antibióticos que no dañan a las células vegetales. Las células potencialmente transformadas se reproducen con métodos de cultivo parecidos a aquellos que permiten la multiplicación de la planta sin recurrir a la semilla (reproducción vegetativa). Entre muchas yemitas regeneradas del tejido *co-cultivado*, se tendrá que identificar aquellas que contienen efectivamente el gen que se deseaba transferir. Debido a esta etapa de selección se utiliza el gen marcador de resistencia a un antibiótico, que permite reconocer y seleccionar los individuos realmente transformados. Los retoñitos que no adquirieron el gen marcador mueren en presencia del antibiótico. Aquellos que en cambio sobreviven, no solo han adquirido el gen marcador que les da la resistencia al antibiótico, sino que también el gen útil. La regeneración de la planta transformada no presenta dificultades particulares. En las primeras PGM desarrolladas, estos genes marcadores se quedaban para siempre en el ADN de la planta, pero con los continuos progresos de la tecnología ahora pueden ser eliminados cuando termina la selección. Las células transformadas presentan una o más copias del T-ADN insertado en el genoma de la planta. Algunas veces se han encontrado hasta doce copias, a veces dispersas en diferentes regiones del genoma de la célula hospedante y otras veces concentradas en el mismo locus. No hay zonas preferenciales de inserción en el genoma. Las características introducidas en las plantas con esta técnica han demostrado que son estables durante muchas generaciones de cruzamientos. La estabilidad de las nuevas características resultan muy importantes para afrontar la comercialización de las nuevas plantas transformadas.

Técnica Biobalística o disparo de partículas

Las monocotiledóneas, entre las cuales trigo, arroz y maíz, presentan baja susceptibilidad a la infección de *Agrobacterium* y por lo tanto, no son transformables utilizando el plásmido de esta bacteria. Una de las alternativas al método de vectores que se ha afirmado en los últimos años se basa en el bombardeo de partículas recubiertas de material genético sobre tejidos cultivados *in vitro*. Esta técnica manipula el ADN desnudo y lo dirige hacia el interior de la célula sin ningún vector específico. La *biobalística* conocida también cono técnica de los *microproyectiles a alta velocidad* prevé la introducción de ADN ajeno directamente en el núcleo de células vegetales. Con este método es también posible realizar la inserción de ADN foráneo dentro de orgánulos de la célula como mitocondrias o cloroplastos. Esta técnica utiliza como vector de transporte partículas de metal a alta densidad. Los metales más aptos son oro y tungsteno, materiales inertes que no provocan reacciones negativas con los componentes celulares. Estas partículas, que tienen un diámetro aproximado de $0.4 - 2$ μm, se recubren con ADN que se adhiere mediante co-precipitación. Las micropartículas envueltas se disparan a alta velocidad que puede alcanzar los 400 m/s, la fuerza suficiente para permitir el pasaje a través de la pared celular. De esta manera se lleva el ADN íntegro y vital hasta el núcleo de las células. Para comprobar la efectiva incorporación del ADN, como en el sistema que utiliza *Agrobacterium*, se utilizan genes marcadores que permitirán el reconocimiento y la selección, con facilidad, de los retoñitos transgénicos en presencia de factores tóxicos, como por ejemplo un antibiótico. Muchas de las células bombardeadas mueren, otras quedan intactas, otras en cambio, aquellas ubicadas en la zona central del tejido, son penetradas sin ser dañadas, pero solo algunas de éstas (células competentes), incorporarán el fragmento de ADN exógeno en su genoma resultando transformadas. No obstante esta técnica haya sido perfeccionada en el tiempo, presenta varias desventajas: la posible fragmentación del ADN, la integración de muchas copias del *transgen* en un mismo punto del genoma que puede provocar el 'silenciamiento génico', pero sobretodo tiene un bajo índice de efectividad.

El medio de propulsión de los microproyectiles consiste en un dispositivo especial de pequeñas dimensiones que mediante una explosión interna provoca un fuerte movimiento a un cilindro que a su vez impulsa con enorme fuerza los microproyectiles (previamente recubiertos con el ADN) dirigiéndolos hacia el blanco constituido por células y tejidos vegetales. Para evitar que el aire contenido en la cámara provoque una disminución de la velocidad o una distorsión de la trayectoria de las partículas, es necesario crear un vacío dentro del dispositivo antes del disparo. Existen varios tipos de agentes propulsores: gas helio bajo presión, pólvora y aire compreso. Los tejidos utilizados están formados por pedazos de hojas, cotiledones, callos, embriones inmaduros y en algunos casos hasta polen. Es una alternativa viable para todas aquellas especies que presentan dificultad para regenerar (recalcitrantes) para las cuales se pueden utilizar tejidos meristemáticos, o sea, predispuestos a la diferenciación.

Otros sistemas de transformación

Los virus como vectores. Los virus son los vectores más conocidos para la transferencia génica en los animales, incluyendo el hombre. Pero en el caso de las plantas, la técnica basada en los virus no se ha desarrollado a causa de la competencia ejercida por las dos técnicas vistas anteriormente, las cuales se han demostrado más eficientes. Los virus ofrecen numerosas ventajas, pero algunas desventajas: infectan sistemáticamente la planta entera, por lo cual, el ADN foráneo, puede ser transferido a las plantas sin pasar a través de la regeneración. Esto implica que no siendo integrados en el genoma de la planta hospedante, el carácter transmitido no es heredable. Los virus se replican autónomamente en el interior de las células vegetales conllevando a la acumulación de numerosas copias del gen transmitido en las células a través de la infección viral. Los virus tienen un elevado nivel de especificidad sobre la planta huésped y no tienen la capacidad de infectar otras plantas.

La microinyección. La microinyección es conceptualmente simple. A un protoplasto inmovilizado se le inserta en el núcleo el ADN foráneo utilizando una micro aguja. El aparato es muy costoso (microscopio, micromanipuladores, etc.) y requiere de una elevada manualidad. El método se ha difundido poco en el campo vegetal, mientras que se usa comúnmente en los experimentos de transformación de óvulos fecundados en campo animal.

Usos y beneficios de las plantas transgénicas

¿Porque se crean los OGM?

Primero debemos exponer las razones por las cuales se crean los OGM. Una gran variedad de seres vivientes, desde las bacterias hasta los animales, pueden ser sometidos a la modificación genética. Por supuesto que, según el sujeto, cambian los objetivos. Inicialmente esta asombrosa tecnología se empezó a utilizar en el sector agrícola para lograr una mayor eficiencia en la producción de alimentos mediante la producción de nuevas variedades de plantas cultivadas. Se empezó con el objetivo de mejorarlas respecto a la variedad original, ya sea a través del incremento de la producción mediante una mejor resistencia a plagas y enfermedades, o para aumentar la tolerancia hacia los fenómenos climatológicos como la sequía, bajas o altas temperaturas, etc. Actualmente existen varias especies de plantas que se pueden modificar genéticamente, pero que no todas han sido creadas con fines alimentarios. Por ejemplo, existen plantas que ayudan en la producción más económica de productos farmacéuticos e industriales. Existen otras plantas que se cultivan para producir alimento para los animales, pero que no están aprobados para el consumo humano.

Las bacterias fueron los primeros seres vivientes a ser modificados durante la década de los setenta, cuando las técnicas todavía eran rudimentarias. El grupo de las bacterias y de otros organismos con genomas simples, como algunas levaduras y hongos filamentosos, han sido modificados para la producción de compuestos orgánicos de interés industrial, como almidón, polisacáridos, pasta de celulosa, biopolímeros, etc., para la alimentación en productos de la panificación, cerveza, productos derivados de la leche como quesos y yogurt, aceites y grasas, aditivos, antioxidantes, conservantes, etc., y para la industria farmacéutica y cosmética, teniendo como ejemplos: insulina, somatostatina, somatotropina, interferón, interleukin, vacunas, etc.

Las PGM y la agricultura sostenible

La agricultura sostenible es un sistema integrado de prácticas de producción agropecuaria que garantizan, a corto y largo plazo, la producción de grandes cantidades de alimento sobre superficies limitadas y con el menor impacto ambiental posible. Pero el sistema intensivo utilizado actualmente en la producción agrícola está deteriorando la tierra por efecto del excesivo uso de fertilizantes, pesticidas y herbicidas, rompiendo el equilibrio con la naturaleza y los ecosistemas. Con el actual sistema de producción agrícola no estamos logrando el objetivo de desarrollo sostenible sugerido en el informe sobre 'Nuestro Futuro Común' coordinado por la Dra. Brundtland en el marco de las Naciones Unidas (1987), ya que para satisfacer nuestras necesidades actuales estamos comprometiendo la capacidad de las generaciones futuras de satisfacer las suyas. Las PGM representan un medio muy importante para lograr el objetivo de la agricultura sostenible. Las múltiples aplicaciones que potencialmente ofrece la ingeniería genética terminarán por revolucionar completamente la agricultura en un futuro no muy lejano. La agrobiotecnología permitirá una mejor explotación del suelo disminuyendo los costos de producción y los daños al ambiente, pero principalmente contribuirá al incremento de la producción. La revolución agrícola prometida por la biotecnología consiste en el tratar de *no adaptar el ambiente a las plantas, como actualmente se hace, sino adaptar las plantas al ambiente*. Con este propósito trabaja la investigación que tiene como primera meta la reducción en la utilización de 'correctores de defectos ambientales'. De hecho, el inicio de este primer objetivo ya comenzó desde hace algunos años con la introducción en el comercio de diferentes cultivos transgénicos con directos beneficios para los agricultores y para el medio ambiente ya que promueven la reducción en el uso de pesticidas y herbicidas.

Plantas transgénicas de primera generación

Actualmente, existen plantas genéticamente modificadas que limitan el empleo de sustancias químicas en los cultivos. Estas plantas, también conocidas como plantas GM de primera generación, son las más difundidas en este momento y entre éstas se encuentran las plantas que se *autoprotegen* de insectos, eliminando o por lo menos reduciendo el uso de insecticidas necesarios para controlar estos parásitos. También se encuentran ampliamente difundidas aquellas plantas modificadas para resistir a los herbicidas de amplio espectro que permiten una utilización más inteligente de los compuestos químicos disponibles, los cuales ayudan a aminorar los daños causados debido a la acumulación en el ambiente de los herbicidas tradicionales.

Resistencia a adversidades bióticas

Contra los insectos nocivos. Cada año, las pérdidas ocasionadas por las plagas en los cultivos se calculan entre 10 y 20 % del total de la producción. Esto ha obligado a una constante lucha para reducir los daños recurriendo al empleo de cantidades masivas de insecticidas, muchos de ellos con efectos poco estudiados o que han creado controversia. De no usar estos compuestos químicos, las mermas serían aún mayores. Para que la aplicación del compuesto químico, sea efectiva es necesario transformarlo en partículas finísimas que forman una especie de niebla para poder abarcar la mayor área posible y facilitar el contacto con los insectos. Pero de toda la cantidad de insecticida esparcido, se calcula que solo el 1% cumple con su objetivo. El resto de las partículas nebulizadas caen y se depositan sobre el suelo acumulándose con las aplicaciones de los años precedentes. La aplicación de insecticidas, no solo elimina los insectos nocivos para el cultivo, sino que además, elimina también otro tipo de insectos, muchos de ellos benéficos. Al finalizar su función, los residuos de las fumigaciones se filtran con el agua de lluvia o de riego llegando a contaminar los mantos acuíferos. Lograr que una planta se pueda defender por sí sola contra los insectos sin la utilización de pesticidas, o por lo menos utilizando menores cantidades, es uno de los objetivos propuestos por el mejoramiento genético. Pero recordemos que es necesario poder disponer de variabilidad genética, o sea una fuente de genes que codifican para la resistencia a un determinado insecto en la misma especie y esta fuente se agota. En cambio, con la ayuda de la Ingeniería genética se han podido obtener plantas transgénicas resistentes a insectos utilizando el gen *Bt* derivado de un microorganismo (*Bacillus thuringensis*), una bacteria que se encuentra comúnmente en el suelo. Este gen da a la planta la facultad de producir una sustancia tóxica (toxina *Bt*) que se activa en el tracto digestivo de los insectos causándoles la muerte.

En la actualidad se pueden encontrar en comercio plantas de papa, maíz y algodón que tienen la capacidad de 'auto-protegerse' del ataque de insectos nocivos. Por ejemplo, el gen *Bt* incorporado en el genoma del maíz le da la capacidad a la planta de producir la proteína insecticida que lo ayuda a defenderse contra el gusano barrenador, un insecto que destruye el cultivo mientras devora el interior de los tallos. La proteína *Bt* es tóxica solo para un reducido grupo de insectos, solo aquellos que se alimentan de tejidos de la planta y resulta innocua para los insectos útiles, la flora, la fauna y también para el hombre. Esta modificación genética ofrece también importantes beneficios indirectos a la salud humana. El gusano barrenador, de hecho, forma galerías en el interior de la planta y llegan hasta la mazorca haciendo heridas donde se desarrollan algunos hongos que producen micotoxinas, sustancias cancerígenas responsables de tumores al hígado y a los riñones y estrechamente relacionadas también con el nacimiento de tumores en el esófago. La plantas *Bt* tienen niveles de micotoxinas mucho más bajas que las de las plantas tradicionales como consecuencia de una menor infección fungosa. En el caso de la papa, algunas de las variedades cultivadas en Estados Unidos y Canadá han sido modificadas con el gen *Bt* para protegerse del escarabajo Colorado de la papa (*Leptinotarsa decemlineata*), insecto que causa grandes daños a este cultivo con sistemas parecidos a aquellos del maíz. Gracias al aumento en la extensión de cultivos GM, en los últimos años se ha tenido una disminución en el ataque de insectos en maíz, algodón y soya.

Control de malezas. Las plantas GM pueden representar un paso concreto hacia la reducción del impacto ambiental de la agricultura, sin que por ello comporte una pérdida de productividad. El control de las malas hierbas es una de las labores que más tiempo ocupa en el terreno agrícola. Las malezas compiten duramente con las plantas cultivadas por la luz, el agua, los nutrientes y el espacio, sin olvidar que son refugio de plagas y enfermedades. Se estima que cada año en el mundo, las pérdidas por daños a los cultivos sean alrededor del 15% de todas las cosechas. Para enfrentar este problema se recurre normalmente a la aspersión sobre los campos de sustancias de acción herbicida. Sin la aplicación de estos compuestos las pérdidas serían mucho más elevadas. La composición química de los herbicidas suele contener moléculas orgánicas complejas que inhiben la fotosíntesis de las malas hierbas provocando su muerte; sin embargo, no todo lo aplicado es utilizado, el sobrante se acumula sobre la superficie del suelo diluyéndose en el agua de lluvia o riego para finalmente depositarse en los mantos acuíferos. El empleo masivo de herbicidas en la agricultura moderna conlleva a riesgos de contaminación, principalmente por lo que respecta el manto friático (aguas subterráneas). Además, los herbicidas utilizados para un cierto cultivo con frecuencia permanecen por un largo periodo en el terreno, impidiendo una óptima rotación de los cultivos. Existen herbicidas a bajo impacto ambiental, pero no son selectivos, por lo que su empleo está limitado al hecho de que eliminan también a las plantas cultivadas. Los científicos buscan métodos de control de estas malas hierbas que concuerden la eficacia y la selectividad, que sólo eliminen la maleza y no el cultivo y que sean fácilmente biodegradables protegiendo al medio ambiente. A través de la ingeniería genética es posible optimizar esta potencialidad otorgando la tolerancia a las variedades que no poseen esa característica genética. Ejemplos concretos son la soya tolerante al glifosato. Este cultivo fue uno de los primeros a ser genéticamente modificado y a ser cultivado e introducido en el mercado a partir de 1996. En la actualidad, el cultivo de la soya transgénica es el más difundido en todo el mundo. El glifosato es un herbicida no selectivo que permite una intervención eficaz con dosis reducidas y es considerado entre los mejores por lo que respecta a la toxicidad reducida y el limitado impacto ambiental. El glifosato se utiliza ampliamente en los cultivos transgénicos que han sido modificados genéticamente para hacerlos tolerantes a este herbicida. El herbicida elimina todas las plantas que pueden competir con el cultivo transgénico, mientras que éste permanece vivo después de haber absorbido el herbicida aplicado. La posibilidad de cultivar plantas 'tolerantes' a estos herbicidas permite la utilización no solo de una alternativa de herbicidas mucho menos contaminantes, sino que también limitar el uso de grandes cantidades gracias a la posibilidad de utilizarlos de manera más racional.

Resistencia a los virus. Mientras que contra malezas, plagas y enfermedades, la agricultura moderna utiliza aspersiones de compuestos químicos sobre los cultivos para controlarlas, hasta ahora no existe ninguna sustancia química contra los virus vegetales. Algunos de estos virus representan un grave problema para los cultivos. Por ejemplo, el virus del mosaico del pepino afecta a muchas plantas, entre ellas tomate, berenjena, melón, sandía, pepino, calabacín, calabaza y algunas plantas ornamentales. Enteras cosechas de tomate se pierden cada año a causa de este virus que ataca ya sea a la parte vegetativa de la planta que a la fruta, destruyéndolas en pocos días. Con el mejoramiento genético tradicional, en algunos casos, se han producido plantas parcialmente resistentes a los virus, pero queda el problema de que los virus tienen la capacidad de superar estas resistencias con facilidad. El único modo para limitar los daños lo ha dado la biotecnología que ha permitido el descubrimiento del mecanismo de infección de los virus dando la pauta para el desarrollo de técnicas que contrarrestan la virosis. Se han desarrollado algunas estrategias utilizando la ingeniería genética para combatir la infección viral. La primera consiste en la introducción del gen de la cápside del virus en la planta (la cápside es la estructura proteica que envuelve el material genético del virus, la cual resulta ser inocua y no tóxica). Se probó que la presencia de las proteínas de la cápside produce inmunidad contra los virus. Es como si el agente patógeno 'interpretara' que la planta transgénica ya está infectada y no la ataca más. Otro método se basa en la posibilidad de bloquear la producción de las proteínas virales en el interior de las células de la planta, introduciendo un ARN 'complementario' del virus en cuestión, de tal manera que al encontrarse con aquel ARN viral lo anula e impide que inicie la enfermedad. Aún en caso que la planta fuera atacada, los síntomas de la enfermedad serían más suaves, sin daños considerables para el agricultor.

Los experimentos de estas técnicas están dando buenos resultados. Como ejemplo tenemos el caso de la variedad de tomate *San Marzano* que muestra una elevada sensibilidad a la enfermedad del virus del mosaico del pepino. Esta variedad fue modificada genéticamente a través de la introducción de un fragmento de la cápside del virus. Los exámenes a los cuales han sido sometidas las plantas transgénicas demuestran que no hay diferencias en gusto, color, forma y cualidades organolépticas respecto a las plantas no modificadas.

Estrategias contra patógenos. En este documento, nos referimos principalmente a las plantas GM. Pero en agricultura, las técnicas del ADN recombinante no se han aplicado solo en plantas, sino también en patógenos y parásitos. Algunos baculovirus (patógenos que atacan insectos) son utilizados como biopesticida. El uso de baculovirus transgénicos por genes reguladores (ejemplo, hormona juvenil) o por genes que codifican una toxina selectiva (ejemplo, la neurotoxina *AaHIT* del escorpión *Androctonus australis*) hace que estos virus sean más eficaces en el control de sus insectos hospedadores.

Tolerancia a adversidades abióticas

En el futuro no solo se obtendrán plantas resistentes a factores bióticos (insectos, hongos, nematodos, virus, etc.), sino también tolerantes a muchas adversidades abióticas como sequías, heladas, exceso de agua, salinidad o metales pesados presentes en el suelo, etc. Se podrán obtener plantas con capacidad de fijar el nitrógeno atmosférico explotando asociaciones simbióticas; o que sean más eficientes en el proceso fotosintético. También se podrá promover un cambio en la arquitectura de la planta para modificar su hábito vegetativo: enano, compacto, etc. Con estas plantas se podrán abrir nuevos terrenos de cultivo con explotación de las zonas áridas y ambientes marginados; se podrán explotar aquellas plantas que ahora no tienen ningún valor agronómico y muchísimas otras no destinadas a uso alimentario.

Aumento de la tolerancia a estrés salino. Algunos estudios realizados sobre la modificación en los niveles de poliaminas (compuestos nitrogenados considerados reguladores del crecimiento y desarrollo de plantas) en plantas de arroz mostraron como resultado un aumento en el desarrollo de la planta y mayor tolerancia al estrés por exceso de salinidad en el suelo. Según los investigadores, estos cambios se deben a un aumento en la producción de poliaminas como resultado de la sobre-expresión inducida en la planta de la enzima ADC (*arginine decarboxylase*).

Reducción del tiempo de generación en plantas de porte arbóreo. El tiempo de generación de los árboles frutales, varía entre 4 y 8 años según la especie de que se trate, mientras que el de las especies forestales puede variar entre 8 y 15 años. Una anticipación en el proceso de floración en estas plantas traería consigo una entrada más temprana en la producción del árbol con el consiguiente beneficio para el productor. Con este objetivo, se llevaron a cabo algunos estudios sobre la genes *AP1* y *LFY* que regulan la expresión de otros genes, durante el desarrollo de la planta. Los genes *AP1* y *LFY* son promotores de la iniciación floral en la planta *Arabidopsis thaliana* de la cual fueron aislados. Con la introducción y sobre-expresión de estos genes en árboles del género citrus, se logró alterar el patrón del tiempo de floración. Se demostró que en estas plantas estos genes producen flores fértiles y frutos ya durante el primer año de vida a través de un mecanismo que involucra un acortamiento notable de su fase de *juvenilidad*. En otros estudios, el gen *LFY* fue también introducido y sobre-expresado en álamo. Se observó la producción de flores después de algunos meses de crecimiento vegetativo, en el cual la floración normalmente se observa después de 8 años como mínimo. Este método podría ser extendido a los árboles de producción de madera de alta calidad como la teca (*Tectona grandis*), famosa por su utilización en la fabricación de pisos *parquet*. De esta manera, se podría reducir su tiempo generacional, contribuyendo así a la disminución de enfermedades que son muy fuertes en su fase juvenil. Además, se podría anticipar el tiempo de corta de la madera.

Mejoramiento genético de plantas arbóreas. Los *fitomejoradores* tienden a ver en la ingeniería genética la solución a muchos de los problemas que el mejoramiento genético tradicional no puede resolver en algunas especies. Por ejemplo, las especies arbóreas tienen ciclos demasiado largos. Una vez que se ha realizado el cruzamiento de dos plantas, se necesita esperar de 3 a 10 años y en algunos casos todavía más antes de que las plantitas superen la fase juvenil y lleguen a la floración. Un programa de selección basado sobre 7-8 generaciones, como sucede normalmente en las plantas anuales, puede durar más que la vida profesional del mismo mejorador, esto hace que los genetistas se resistan a iniciar programas tan largos. Por ejemplo, un programa de autofecundación del durazno para obtener líneas puras duró más de 40 años y cuando las líneas obtenidas habían incorporado determinados caracteres, éstos ya no interesaban más a las necesidades del mercado. Los problemas de programas de mejoramiento genético largos podrían resolverse si un determinado carácter de mucho interés se introdujera directamente en una buena variedad comercial sin tener que esperar tanto tiempo.

Incremento en la producción de plantas de porte arbóreo. Algunas alteraciones en el patrón de crecimiento y propiedades en la madera pueden lograrse, como consecuencia de la modificación en la arquitectura del árbol. Existen varias maneras de lograr este objetivo, una podría ser mejorando la eficiencia de la fotosíntesis en las plantas. La modificación de la arquitectura es una estrategia común para permitir la captura de mayor cantidad de luz del sol. El fenómeno vegetal llamado *escape de la sombra* es una reacción de la planta a condiciones de estrés por falta de luz. La planta continua a crecer en busca de luz alargando su fase juvenil improductiva y aumentando demasiado su tamaño. Tomando en cuenta la reacción a la diferente calidad de luz, algunos estudios han demostrado que la sobre-expresión del gen *phytochrome B* (*Phy B*) aislado de la planta *Arabidopsis thaliana*, en plantas transgénicas de árboles frutales, podrían mejorar su arquitectura disminuyendo su porte y mejorando su recepción de luz, lo cual se podría traducir en mayor producción. Otro modo de modificar la arquitectura, pero en este caso con el objeto de aumentar la producción de madera, es la inducción a la sobre-expresión del gen que codifica la enzima *GA-20 oxidase* aislado también de la planta *Arabidopsis*. Este gen que estimula el crecimiento regulando su expresión con la duración del día, ya fue probado en álamo, el cual presentó una alteración en su fenotipo creciendo más rápido y aumentando su porte, con hojas más grandes y con un incremento en la biomasa.

Mejoramiento genético de las plantas ornamentales. Existen una infinidad de ideas y de posibilidades para crear mejores ejemplares de plantas que mejoren su prestancia no solo cambiando el color de las flores.

Plantas transgénicas de segunda generación

Como se mencionó anteriormente, el principal valor agregado asociado a las plantas GM de *primera generación* tiene que ver con la resistencia a factores bióticos y tolerancia a aquellos abióticos para lograr un incremento en la producción. Esta estrategia intenta un desarrollo en la agricultura para que sea compatible con ecosistemas y así salvaguardar el medio ambiente. En cambio, las plantas GM de segunda generación ofrecen ventajas directamente al consumidor. Con estas plantas se pretende mejorar la composición o el valor nutricional de sus productos, ya sea tratando de aumentar su contenido de vitaminas, favoreciendo las eventuales atribuciones medicinales, eliminando los alergénicos naturales, modificando el contenido o tipo de proteínas y ácidos grasos, mejorando las características organolépticas (color, sabor, olor), etc.

Existe una enorme lista propuesta de alimentos potencialmente producibles a partir de plantas GM de segunda generación para ser utilizados en dietas especiales: cereales y leguminosas carentes de alergénicos; fruta con bajo contenido de azúcares para diabéticos; mejoramiento de la calidad de las proteínas del arroz (enriquecimiento de lisina, transformación de las proteínas de reserva de baja calidad nutricional en proteínas de mejor y de mayor valor, etc.); introducción de enzimas para favorecer la síntesis de vitaminas A y E en cultivos proteico-oleaginosos como la soya; producción de seroalbúmina en papa; alteración de la relación entre ácidos grasos en plantas que producen aceite. Actualmente se conocen ya las vías bio-sintéticas y reguladoras de los diferentes ácidos grasos saturados e insaturados y es fácil la manipulación de las diferentes especies de plantas oleaginosas para hacerles producir un aceite en lugar de otro; reducción del contenido de cafeína en el café y muchas otras modificaciones de utilidad para la nutrición humana y animal. Existe la posibilidad que las PGM de segunda generación puedan intervenir también sobre las patologías de nuestra sociedad moderna, proponiendo al consumidor además de productos más nutritivos, también dietéticos y más balanceados.

Antioxidantes. En fase de investigación existe una variedad de tomate transgénico con una fuerte presencia de *licopeno*, un pigmento vegetal perteneciente al grupo de los carotenoides que el organismo humano no tiene la capacidad de producir. Estos compuestos antioxidantes protegen a las células del cuerpo de algo que se conoce como radicales libres, protegiendo los vasos sanguíneos y previniendo algunas formas de tumor.

Entre las plantas ya en comercio o en vías de serlo se encuentran el arroz dorado, enriquecido con precursores de la vitamina A; tomates que maduran más lentamente y por lo tanto de larga vida sobre los estantes de los mercados; trigo con mayor contenido de fibra; papas con más almidón; la colza con *omega 3*, etc.

- *Producción de vitamina A.* Una variedad de arroz manipulada genéticamente que contiene beta-carotenos ha sido puesta a disposición de los países en vías de desarrollo en forma gratuita. Esta variedad de arroz produce beta-caroteno en su endospermo, causando la pigmentación amarilla, característica que le dio el nombre de *arroz dorado*. El beta-caroteno, un precursor de la vitamina A, es indispensable para el funcionamiento normal de la vista, crecimiento, desarrollo de los huesos y para favorecer inmunidad contra enfermedades. La carencia de vitamina A representa un grave problema de salud en más de 100 países debido a que es considerada la causa principal de medio millón de casos de ceguera irreversible y de casi 2 millones de muertes anuales en los países en donde la dieta se basa en arroz. Se estima que al disminuir la carencia de vitamina A entre los niños de edad escolar de los países en vías de desarrollo, será posible reducir la mortalidad de manera considerable.

- *Omega-3.* Los *omega-3* son ácidos grasos esenciales poliinsaturados de cadena larga, que el organismo humano no produce internamente. Se ha demostrado que el consumo de grandes cantidades de *omega-3* aporta considerables beneficios para la salud interviniendo en una incidencia menor de enfermedades cardiovasculares. Los *omega-3* se encuentran en alta proporción principalmente en los tejidos de ciertos pescados. La preocupación por la disminución en el abastecimiento de productos marinos debido a su excesiva explotación y aumento en la contaminación del mar, llevaron a los científicos a buscar una fuente alternativa de disponibilidad de los ácidos grasos *omega-3*. Los investigadores identificaron y aislaron los genes clave de los omega-3 de una alga marina microscópica conocida como *Thalassiosira pseudonana*. Después insertaron los genes en los genomas de plantas de lino y colza encontrando que las plantas transgénicas eran capaces de sintetizar una gran cantidad de ácidos grasos *omega 3* en sus semillas.

- *Maduración más lenta.* El tomate *Flavr Savr* es una planta GM desarrollada con el objeto de ampliar la vida postcosecha, manteniendo la calidad del tomate para consumo fresco por más tiempo en los estantes de los supermercados. En estos tomates se ha logrado disminuir la expresión del gen para la producción de *poligalactruronasa*. Esta enzima es la responsable de degradar las paredes celulares durante la maduración del tomate; su actividad contribuye a la pérdida de firmeza del fruto durante los estadios maduración y post-cosecha reduciendo así el período de buena calidad del tomate para consumo fresco. Los frutos pueden ser dejados más tiempo madurar en la planta, garantizando en este modo una mejor calidad alimentaria sin descuidar el hecho de que una fruta más consistente, presenta menos problemas de transporte y está menos expuesta a los ataques de hongos y bacterias. Utilizando la tecnología del ARN *antisentido*, una técnica usada para bloquear la expresión de un gen de interés, el tomate *Flavr Savr* fue el primer producto derivado de un cultivo transgénico en ser liberado para consumo humano.

Otros usos y beneficios. Muchos genes interesantes no se encuentran en las especies cultivadas sino que están presentes en las especies silvestres del mismo género o géneros afines. Cuando las dos especies que se quieren cruzar son incompatibles porque son genéticamente lejanas o desbalanceadas desde el punto de vista del número cromosómico, el cruzamiento natural no es posible. La transferencia del carácter de la especie silvestre a aquella cultivada no se puede llevar a acabo por cruzamiento, pero se podría realizar utilizando las técnicas avanzadas. En general, el genetista está interesado en la transferencia de genes heterólogos, o sea genes que no están presentes en la especie cultivada sino que han sido aislados en especies muy diferentes. Por ejemplo, el gen utilizado para aumentar el porcentaje de ácidos grasos en las plantas oleaginosas fue aislado del ratón. La lista de genes aislados de bacterias, virus, insectos y otros organismos que se desean transferir en las plantas cultivadas aumenta continuamente.

Plantas transgénicas de tercera generación

Mientras la investigación actual se está orientando hacia las Plantas GM de segunda generación, aquellas de la tercera generación están esperando su turno para surgir en la siguiente etapa de la ruta biotecnológica. Se trata de plantas que serán capaces de producir compuestos con alto valor agregado para ser utilizadas en la industria química o farmacéutica. Estas plantas, consideradas las plantas del futuro, presentan muchas ventajas potenciales para la población. Se convertirán en *bio-fábricas* para la producción de sustancias de interés médico e industrial aprovechando el menor costo y el mayor rendimiento que presentan respecto a los actuales sistemas productivos. Algunos productos obtenidos a costos muy elevados a partir de bacterias y levaduras en fermentadores, a partir de tejidos (placenta, etc.) de animales-

conejillo de Indias u otros, podrían ser obtenidos a costos notablemente inferiores. Esta generación encontrará diversas fases de investigación y desarrollo. La primer meta será la fabricación de medicinas utilizando el ADN de la planta, por ejemplo, insulina, vacunas, vitaminas, anticuerpos, etc. El amplio rango de aplicaciones potenciales no se limitará a la producción de fármacos. De hecho ya se piensa en la producción de enzimas para ser usadas en detergentes, productos industriales o en la fabricación de alimentos. La producción de enzimas por parte de la ingeniería genética no es un hecho nuevo. La quimosina recombinante, que hace coagular la leche en la producción de queso, puede ser producida por microorganismos mediante la nueva tecnología del ADN recombinante, pero las plantas podrán mejorar aún más el proceso, variando el tipo de enzimas y mejorando el rendimiento. Otros eventuales productos industriales derivados de tejidos vegetales incluyen las proteínas de seda de arañas e insectos; proteínas estructurales como la elastina y el colágeno; plásticos biodegradables que podrían ser una alternativa a la producción de polímeros basados en el petróleo; toxinas contra parásitos de las plantas; azúcares alternativos (trealosio), etc. Las plantas candidatas como siempre son la papa, de la cual se usaría el tubérculo, el tabaco del cual se usarían las hojas y los cultivos oleaginosos, de los cuales se usarían las semillas.

La 'superpapa' que produce almidón industrial. La industria demanda diferentes tipos de almidones, con poco o mucho contenido de amilosa o carente de ésta según sean las exigencias del proceso (la mayoría de los almidones contienen alrededor del 25 % de amilosa) de producción para diferentes finalidades. El almidón de uso industrial generalmente se obtiene del maíz, pero es difícil su extracción, el almidón de la papa es bueno, pero el rendimiento es bajo porque la planta contiene el 80 % de agua. Sin embargo otros tipos de almidones pueden ser producidos modificando la papa y otros cultivos de tubérculo o de semilla cambiando alguna de las enzimas que participan en la formación. Recientemente se ha autorizado la introducción en el mercado europeo de la primera papa modificada en su contenido de almidón. Se llama 'Amflora', la papa transgénica de almidón creada en Europa. No se trata de un producto destinado a la alimentación humana. La papa de almidón ha sido creada para uso industrial en la fabricación de productos de papelería de elevada calidad. A la planta se le impide la expresión del gen de la *amilasa*, un enzima que tiene la función de digerir el almidón para formar azúcares simples. Como resultando se obtiene un incremento final de amilopectina al no ser digerida, la cual es una materia importantísima en el sector industrial ya sea papelero que textil. En el 2010, la Comisión Europea aprobó un permiso para cultivar esta papa transgénica en terrenos europeos, cuya tramitación fue muy controvertida, pues durante 12 años, la Unión Europea sólo había autorizado el comercio de nuevos OGM, pero no su siembra. La 'superpapa' se suma a la lista de los 15 OGM ya aprobados por la Unión Europea desde el 2004, después del periodo de moratoria propuesto para el estudio de reglas más severas y de una estrecha vigilancia de la evolución de los productos OGM.

Plantas-vacuna. Las plantas GM pueden prevenir enfermedades en algunos animales. Por ejemplo, la creación de la papa GM que tiene la capacidad de inmunizar al conejo contra el virus de RHDV (*Rabbit Hemorrhagic Disease Virus*), una enfermedad que ocasiona una fiebre hemorrágica con graves daños al hígado y al sistema circulatorio con alta mortalidad. Los extractos de las hojas de la papa transgénica inmunizan a los conejos protegiéndolos completamente contra el virus RHDV. Estos resultados abren las puertas al desarrollo de una serie de plantas GM capaces de producir una amplia gama de proteínas inmunizadoras con las cuales *vacunar* muchas especies de animales de interés zootécnico. Pero estas *plantas-vacuna* también podrían ser aplicadas en humanos. La 'receta médica' podría ser una vacuna tomándola con la alimentación. Se están estudiando las respuestas de inmunidad en humanos hacia específicos virus consumiendo un antígeno bacterial recombinante producido en plantas transgénicas como la papa o el tabaco. Otro sistema es la explotación de las plantas para producir vacunas infectándolas con virus modificados, como por ejemplo, el CPMV (*cowpea mosaic virus*), un virus que se presta muy bien para ser transformado con secuencias de péptidos antigénicos de patógenos. Una vez infectada la planta hospedante el caupí (*Vigna unguiculata*) se pueden obtener grandes cantidades de vacunas. Los virus de las plantas no infectan a los animales y por lo tanto son vacunas completamente seguras para los pacientes.

Producción de anticuerpos. Actualmente los anticuerpos para uso médico son producidos con la técnica de los hibridomas, derivados de líneas celulares eucariotas (provenientes de varios tejidos humanos o animales) o bacterianas mantenidas en cultivo aséptico. La productividad de estas líneas celulares transgénicas es elevada, pero los costos elevados de mantenimiento del cultivo mantienen el costo de los mismos productos muy elevado. La producción de anticuerpos en un vegetal se ha obtenido experimentalmente desde hace muchos años. La mayoría de los anticuerpos expresados hasta la fecha han sido en tabaco, aunque también se han utilizado papa, soya, alfalfa, entre otros. Las plantas tienen un gran potencial como fuente ilimitada de anticuerpos y son vistas como parte de una nueva tecnología para la reducción de costos en la producción de anticuerpos.

Fortificación de aceite vegetal con aceites esenciales. El ácido gamma-linolénico (GLA) es un ácido graso esencial muy usado como ingrediente activo contra enfermedades de la piel como el eczema y otros padecimientos. Actualmente, el GLA se obtiene comercialmente a partir de plantas como la borraja (*Borago officinalis*) y la onagra (*Oenothera biennis*). Desafortunadamente, estas especies no son particularmente idóneas a las prácticas de agricultura moderna y típicamente tienen rendimientos bajos respecto a los alcanzados por las semillas de plantas oleaginosas agronómicamente adaptadas tales como canola o girasol. Una solución a este problema es utilizar la tecnología transgénica para transferir el genes de codificación de rasgos de interés (en este caso la capacidad de sintetizar GLA) en huéspedes más adecuados que producen semillas oleaginosas. En experimentos recientes, fue introducido en la onagra un gen de la Borraja (Δ^6 desaturasa) que estimula la producción de ácido esencial aumentando así la producción de GLA. Tal enfoque pueden así generar una fuente más conveniente de este ácido graso esencial de gran importancia farmacéutica.

Los siguientes ejemplos mencionan algunas aplicaciones potenciales propuestas para que las Plantas GM defiendan al ambiente contribuyendo a detener o al menos disminuir la contaminación excesiva y el agotamiento de los recursos no renovables.

Plantas descontaminantes. Producción de plantas para ayudar en la eliminación de contaminantes tóxicos del suelo (fitorremediación) por ejemplo, plantas que acumulan grandes cantidades de metales como el cadmio, níquel, zinc, cobre, etc.

Plásticos biodegradables. La investigación se está concentrando en la producción de plásticos biodegradables empleando plantas que fabrican gránulos de un material llamado polihidroxialcanoato (PHA) y polihidroxibutiratos (PHB). El PHA y el PHB pueden ser moldeados, fundidos y conformados como los plásticos derivados del petróleo conservando la misma flexibilidad.

Comparación de características entre plásticos de utilización convencional y plásticos biodegradables producidos por vegetales.

Plásticos convencionales	Plásticos biodegradables
Utilizan como materia prima recursos no renovables.	Su producción es sostenible a partir de residuos de la agroindustria.
Se acumulan en el ambiente.	Se degradan fácilmente por la acción de microorganismos.
Su reciclaje puede generar sustancias tóxicas.	Su biodegradación produce O_2 y H_2O.

Fuente: Stekolschik Gabriel (2006).

Manipulación de la síntesis de lignina. A las plantas que contienen grandes cantidades de lignina se les conoce como plantas leñosas. La extracción de celulosa de estas plantas destinadas por ejemplo a la producción de papel, resulta muy costosa debido a la difícil separación de la lignina. La investigación busca modificar la composición de la lignina en las plantas arbóreas. Los experimentos realizados transformando genéticamente vegetales se hacen esencialmente con el objetivo de producir plantas menos ricas en lignina para la fabricación de papel o al contrario, con un alto porcentaje de lignina para madera utilizada como leña de calderas. Un particular interés tendrán los cultivos transgénicos con características específicas que ayuden a optimizar la producción de bio-energía.

La lista de usos y beneficios mostrada en este manuscrito es larga, pero incompleta. Se muestra con el único objetivo de ilustrar con algunos ejemplos el gran campo de acción de las PGM en la agricultura y la industria. Las plantas transgénicas experimentadas en diferentes estudios son muchísimas, pero al momento tienen solo interés científico y son destruidas al final del los experimentos. Se prevé un enorme desarrollo en los próximos años en campo transgénico, el cual ofrecerá suficientes conocimientos para controlar completamente el funcionamiento de las plantas.

Riesgos asociados a las plantas transgénicas

Hasta ahora hemos visto sólo las probables beneficios que, sin duda alguna, prometen las plantas genéticamente modificadas. Pero, ¿Es todo positivo? ¿No existe riesgo alguno en su propagación en el ambiente? La posible difusión de organismos genéticamente modificados, ya sean éstos virus, bacterias, levaduras, animales o plantas superiores, ha creado una gran alarma en la población fundada en los riesgos que comporta su liberación en la naturaleza. En todo el mundo se han realizado múltiples debates entre favorables y opositores en donde ha reinado una mezcla entre ciencia, economía, política y ética, llegando a un solo acuerdo: **'confundir a la opinión pública'**. Los primeros problemas planteados fueron de orden ético, ya que la producción de OGM, según algunas opiniones, supera los límites consentidos por una generación de poder alterar el mundo en el cual se vive sin preocuparse por las consecuencias para las generaciones futuras, y por otra parte, también crea polémica, que se haya permitido aumentar los riesgos para la sociedad con el único objetivo de obtener un beneficio económico por parte de algunas empresas. Sin embargo, las mayores críticas realizadas, muchas veces utilizando protestas violentas, han sido principalmente contra las Plantas GM más que para los otros Organismos Modificados. Estas acusaciones no tienen que ver, por lo tanto, con todas las técnicas biotecnológicas moleculares, sino que se limitan a las PGM y nacen principalmente del hecho que éstas, a diferencia de los microorganismos genéticamente modificados producidos y utilizados en el sistema industrial, crecen en un ambiente no confinado y por lo tanto en contacto con todos los otros elementos que caracterizan el hábitat.

Problemas Éticos

Las PGM son innaturales. Uno de los aspectos más discutidos es el de imputar a las PGM como contrarias a las naturaleza. Sin embargo, es necesario considerarlas 'naturales' exactamente como las otras, o si se prefiere 'innaturales' como las otras. De hecho todas o casi todas las variedades actualmente cultivadas, ya sean éstas para uso alimentario y no alimentario, han sido profundamente modificadas durante los largos y laboriosos programas de mejoramiento genético. La soya cultivada, por ejemplo, es un producto del mejoramiento genético, y actualmente ya no existe en estado 'silvestre'. De la misma manera tenemos que la fresa mejorada que hoy se cultiva, es un producto del hombre y ya no es posible encontrarla en forma espontánea. La intervención del hombre ha alterado profundamente ya sea el aspecto exterior de estas plantas como su patrimonio genético mediante la utilización de técnicas convencionales y mezclando de manera casual el ADN de las plantas. Por lo tanto, si éticamente tuviéramos que rechazar las PGM, tendríamos que rechazar también todas las plantas que actualmente se cultivan.

Más allá de los aspectos éticos, la lista de potenciales riesgos a los cuales se les debe dar una respuesta científica es muy larga. Considerando sólo el aspecto científico y no el social-económico, las críticas al uso de las PGM en el sistema agrario son esencialmente de dos tipos: riesgos para el medio ambiente y para la salud del hombre.

El número de objeciones que los opositores a los OGM presentan en diferentes debates en todo el mundo es demasiado grande. La siguiente tabla concentra sólo las refutaciones más plausibles y por lo tanto las más frecuentes encontradas en los debates sostenidos en todo el mundo en contra de los organismos modificados y sus derivados. En ella, cada argumentación presenta su respectiva justificación sostenida por diferentes científicos.

Objeciones contra la utilización de PGM	Respuestas a favor de las PGM
La transferencia de genes se hace superando las barreras naturales y por lo tanto no es natural.	Equivocada asociación entre "natural" y "bueno". Los patógenos son naturales, pero dañinos; las vacunas no son naturales pero útiles.
Es difícil prever el impacto de los cultivos	Es verdad, sin embargo existen programas

transgénicos sobre los alimentos y sobre el ambiente a largo plazo.	de inspección y control a largo plazo. Para ninguna innovación es fácil prever los efectos a largo término, pero no por esto hemos renunciado a la introducción de innovaciones en el pasado (petróleo, autos, energía nuclear, etc.).
Los productos de plantas transgénicas destinadas a la alimentación humana (y animal) pueden tener propiedades alergénicas	Es un aspecto que esta considerado en los procedimientos de evaluación de los PGM. El peligro existe también para las variedades producidas mediante cruzas tradicionales, sobretodo si se utilizan especies silvestres como genitores. Además, muchos productos naturales contienen alergénicos, porque los alergénicos son componentes naturales de las plantas.
¿Cuáles son los efectos negativos sobre insectos útiles, incluyendo los polinizadores, debido a la introducción de genes que codifican la producción de pesticidas (genes *Bt*, *sdl*, etc.) en un cultivo?	Los daños sobre los insectos son insignificantes comparados con los daños causados por el uso de insecticidas químicos y el balance costos/beneficios está a favor de las PGM
El cultivo de plantas transgénicas conlleva el riesgo de la liberación en el ambiente de genes, cuyo efecto no se puede evaluar fácilmente (*gene flow*) a través de hibridaciones naturales con especies nativas, transferencia a cultivos no transgénicos cercanos, transportes ilegales o accidentales a los centros de origen de la especie a la cual pertenece la PGM.	El riesgo es alto para las PGM de primera generación, pero ahora hay muchas soluciones para disminuir el riesgo, en particular de los llamados *tandem constructs* que contienen un segundo gen, por ejemplo de esterilidad masculina.
El uso de variedades transgénicas puede reducir la biodiversidad (erosión genética).	Este argumento se debe tomar en consideración seriamente, pero vale igual para las plantas transgénicas que para las variedades seleccionadas con los métodos de mejoramiento genético tradicionales.
Patentar la vida (genes y organismos) puede ser considerado no ético.	El desarrollo de patentes (vegetales) requiere de grandes inversiones y las industrias privadas deben tener un retorno financiero por sus inversiones. Este es un modo para hacerlo.

Riesgos contra la salud humana y animal

Hasta ahora no ha sido encontrado ningún grado de toxicidad de los OGM vegetales en comercio. No existe ninguna evidencia de que los productos de las plantas transgénicas sean menos seguras que las tradicionales. La crítica difundida respecto al impacto negativo sobre la salud, esta relacionada a las consecuencias potenciales que las alteraciones genéticas podrían causar en el organismo humano o animal que se alimente con productos GM. Desafortunadamente, el temor de que los productos derivados de plantas GM puedan tener efectos negativos en la salud ha sido amplificado por hechos que no tienen nada que ver con las modificaciones genéticas. La enfermedad de la 'vaca loca' o el problema de los pollos y huevos con dioxina son ejemplos de ello. Los opositores de los OGM han utilizado estos incidentes para crear alarmismo provocando un clima general de inseguridad alimentaria. Sin embargo, en el caso de la salud humana, los sistemas de control garantizan la introducción en el comercio de productos GM con las mismas garantías de los productos convencionales. Es más, con la actual legislación, las PGM, antes de ser introducidas en el sistema agrícola pasan a través de controles notablemente superiores a aquellas obtenidas con técnicas tradicionales (mutagénesis incluida).

Toxicidad de productos OGM

El temor de que los alimentos derivados de plantas GM puedan presentar toxicidad no tiene fundamento desde el punto de vista científico. Sin embargo, por principio no debe ser descuidado este aspecto. Para enfrentar este problema, la Organización para la Cooperación y el Desarrollo Económico (OCDE) y la Organización Mundial de la Salud (OMS) introdujeron el concepto 'equivalencia sustancial', el cual consiste en la comparación de los productos de plantas transgénicas con los productos homólogos derivados de plantas no transgénicas. Si se determina que un alimento o componente nuevo de éste es 'sustancialmente equivalente' a un alimento o componente alimentario que ya existía, el nuevo producto puede ser considerado seguro. Esto no quiere decir que la determinación de un producto con equivalencia sustancial tiene más o menor valor nutritivo, sino que solo sirve para evaluar la seguridad del producto. El departamento de desarrollo económico y social de la FAO ha confirmado que todos los análisis efectuados sobre productos OGM vegetales no han determinado ningún grado de toxicidad en comercio. Los productos derivados de plantas GM han entrado en la cadena alimentaria de la población que vive en Estados Unidos desde hace varios años, mientras que la que vive en Europa los ha generalmente rechazado. Sin embargo, hasta ahora no se ha registrado ningún aumento en la incidencia de enfermedades entre los consumidores estadounidenses con respecto a los europeos.

Alimentos con características organolépticas alterados

El sabor y los aromas de los alimentos producidos con ingredientes modificados genéticamente no son alterados. Por ejemplo, el jugo de tomate derivado de plantas transformadas genéticamente vendido en Gran Bretaña posee un elevado índice de aceptación por parte de los consumidores británicos.

Expresión genética inesperada

Las críticas mas intensas están dirigidas a la suposición de que un *transgen* proveniente de una especie lejana, en combinación con otros genes endógenos, podría expresarse en un modo inesperado y producir alguna proteína que cause alergia y/o intoxicación en el hombre. Por este motivo, los alimentos que provienen de plantas transgénicas son sometidas a más pruebas que los productos comunes y por lo tanto son iguales o más seguros. A través de estas pruebas se examina que solo la proteína deseada sea la expresada y que no sea generado ningún otro componente inesperado que presente algún parecido con las toxinas o alergénicos conocidos. Es cierto que un efecto pleiotrópico del gen de interés con otros o por un efecto en la posición de inserción del gen en el genoma hospedante podría dar origen a elementos no deseados. Precisamente por eso, antes de autorizar la comercialización de un producto OGM, se evalúa escrupulosamente. En los Estados Unidos, donde los productos OGM han tenido una gran difusión no se han detectado problemas en la población. De hecho, el país norteamericano cuenta con tres agencias gubernamentales que examinan minuciosamente cada variedad de cultivos transgénicos antes de autorizar su consumo. Hasta este momento, las tres agencias han llegado a la misma conclusión: ninguno de los productos aprobados hasta ahora representa un peligro para la salud humana. Existe una tecnología muy desarrollada que se utiliza para conocer el perfil de la expresión de un gen en su nuevo genoma hospedante. Esta tecnología permite el análisis controlando en una única vez los RNA producidos por miles de genes. Secuenciando el genoma de la planta se puede saber qué genes se expresan en un particular tipo de célula de un organismo, en particulares condiciones y en un momento determinado.

Problemas asociados con alergias

La alergia provocada por alimentos afecta a un bajo porcentaje de la población. Alrededor del 1-2 % de la población adulta ha sufrido de verdad reacciones adversas a alimentos. Las personas alérgicas manifiestan reacciones a muy pocas proteínas. Los alergénicos pertenecen a una pequeña clase de alimentos: nueces, huevo, soya, leche, cacahuates, pescado, crustáceos, trigo.

Actualmente la FAO y la OMS han hecho más seguros los procesos de control de los nuevos OGM, con el objeto de excluir toda posible alergenicidad de los alimentos derivados. En práctica, las empresas que solicitan el permiso para experimentar y/o comercializar OGM deben respetar ciertos requisitos. Deben analizar todas las características de la proteína codificada por el *transgen* que podrían ser fuente de alergias mediante pruebas de estabilidad al calor, resistencia al ataque de enzimas digestivas, semejanza con alérgenos conocidos, etc. Se puede decir que los productos derivados de PGM son más seguros que algunas frutas y verduras exóticas debido a que son sometidas obligatoriamente a estos controles. Muchos productos alimentarios importados y comercializados en lugares donde no se habían consumido antes, causaron alergias en la población por no haber sido analizados antes. Por ejemplo, el kiwi, originario de Asia y desconocido en Europa, si antes de haber sido introducido en Europa y en muchos otros países hubiera sido sometido a pruebas de control alergénico, no se habría comercializado, ya que es un alimento con alta alergenicidad.

Recientemente, el Centro de Control y Prevención de Enfermedades de los Estados Unidos (CDC) recibió una solicitud de asistencia técnica para investigar algunos casos de alergias que fueron asociadas al consumo de productos de maíz genéticamente modificados. Esos casos de alergia fueron imputados a una proteína llamada *Cry9c*, cuyo *transgen* había sido insertado genéticamente en la variedad de maíz *StarLink*. Este tipo de maíz fue inadvertidamente suministrado en productos de consumo humano. Después de minuciosos análisis, los resultados no proporcionaron ninguna evidencia de que las reacciones que la gente experimentó fueran asociadas con hipersensibilidad a esa proteína. De esto podemos subrayar la importancia que tiene la evaluación de potenciales alérgenos en los alimentos genéticamente modificados antes de estar disponibles para el consumo humano.

Detección alergénica anticipada. Hace unos años, durante las pruebas preliminares de alergenicidad realizadas sobre una variedad de soya transgénica se detectó el contenido de sustancias que producen alergia. La soya analizada había sido modificada genéticamente para producir una proteína rica en metionina, tratando de aumentar el perfil nutricional de la planta utilizada para la alimentación animal. El gen había sido aislado de la nuez de Brasil que en algunos individuos puede causar reacciones alérgicas. Durante las pruebas preliminares surgió que la proteína codificada por el gen introducido (albúmina *2S*) era el principal alergénico de la nuez, y por lo tanto el proyecto fue interrumpido desde sus fases iniciales. La legislación vigente obliga el análisis de este potencial riesgo, ya sea en las fases de desarrollo de las nuevas PMG, que durante los procedimientos para la autorización de su cultivo y esto se debe a que este tipo de problema también podría presentarse en otras variedades. Actualmente, gracias a los conocimientos adquiridos por la alergología es posible prever, en parte, si una nueva proteína puede tener o no un potencial alergénico. Además, está previsto un plan de observación post autorización que permite controlar y, en caso que surgiera la mínima sospecha, retirar el producto para someterlo a más pruebas.

Transmisión a otros organismos de la resistencia a antibióticos

Otra de las preocupaciones manifestadas por los opositores de las PGM es que el gen de selección utilizado durante el proceso de transformación (generalmente de resistencia a un antibiótico) pueda ser tóxico para el hombre o que pueda ser transmitido a las bacterias del intestino humano haciéndolas resistentes a otros antibióticos.

Las construcciones genéticas utilizadas en la transferencia de genes a plantas, contienen, como ya se ha visto antes, una copia de un gen marcador adjunto al gen útil que permite a los investigadores distinguir las plantas transformadas de aquellas que no adquirieron e integraron las características transferidas. Muchas construcciones contienen como gen marcador para la selección de los transformados un gen que confiere resistencia contra el antibiótico de origen bacteriano kanamicina, denominado *npt*II. Este gen, en presencia del antibiótico, codifica una enzima, la *neomicina fosfotransferasa* II, que neutraliza la toxicidad del antibiótico. El gen se expresa, si es requerido, en todas las células de una planta transgénica y esto permite a los investigadores distinguir las plantas transformadas de aquellas que no adquirieron e integraron las características transferidas. Las plantitas que no adquirieron la construcción no producen la enzima y el antibiótico las intoxica. La supuesta preocupación en la utilización de este tipo de genes está en que el gen marcador pueda entrar en una de las bacterias que constituyen nuestra flora intestinal, que supere las defensas de ese organismo y se inserte en su genoma. Todos estos eventos tienen una bajísima probabilidad de ocurrir contemporáneamente. En primer lugar nuestros procesos digestivos destruyen cualquier secuencia codificadora antes de que ésta alcance la flora bacteriana del intestino, si no fuera así se tendrían grandes problemas. También se sabe que un gen que lograra evitar su destrucción en el estómago, tendría pocas posibilidades de ser transferido a una bacteria en el intestino humano. Es muchísima más alta la probabilidad de que el organismo pueda adquirir los genes resistentes a antibióticos por medio de los millones de bacterias que ingerimos todos los días, ya sea con la respiración o la alimentación. En segundo lugar, el gen ajeno que eventualmente fuera transferido en la bacteria intestinal no podría funcionar debido a la falta de un *promotor* apto, o sea aquel interruptor molecular en las células, que enciende o apaga su funcionamiento. Recordemos que el *promotor* es diferente entre plantas y microorganismos.

De todas maneras, para evitar esta intranquilidad, los investigadores propusieron otros sistemas como aquel que utiliza una nueva construcción génica que contiene un gen adicional (*Cre*), el cual tiene la capacidad de auto-eliminarse junto al gen marcador una vez que la transformación se ha concluido, dejando libre a la planta únicamente con el gen de interés. El gen *Cre* se carga en un vector diferente a aquel preparado con el gen de interés junto con el gen *npt*II, las dos construcciones se insertan en diferentes zonas del genoma segregando en la primera generación. Después se hace una selección que permite recuperar las plantas que contengan el gen de interés pero no el gen *Cre*. El gen *npt*II no está más porque es eliminado por *Cre*. Otras alternativas propuestas por los científicos han sido las de utilizar genes *marker/reporter* diferentes a los genes de resistencia a antibióticos. Entre los nuevos genes se encuentran aquellos que confieren resistencia a herbicidas. Otros genes en vías de experimentación son aquellos que confieren resistencia a metales, genes que degradan azúcares artificiales como por ejemplo la lactosacarosa, etc.

Riesgos de inestabilidad genética

La transferencia de genes utilizando la ingeniería genética es aún muy difícil. Existen aspectos de las metodologías que no se pueden controlar con precisión todavía. Algunas etapas de la transferencia son imprecisas. Hasta ahora no se tiene un control en el número de copias que se transfieren de la construcción génica. A veces se pueden transferir hasta 10-12 copias del gen de interés en el genoma de la planta hospedante; no todas las copias están completas; a veces están presentes solo trozos de las construcciones. Otro problema es que no hay precisión en la ubicación del *transgen*, no se sabe que posición tomará en el genoma: a veces terminan en regiones muy metiladas que impiden la exactitud de su expresión; o pueden terminar al interno de un gen, silenciándolo (inactivándolo) sin que por este motivo manifieste efectos fenotípicos detectables; también es posible que el *transgen* se ponga al inicio de los genes no transcritos, reactivándolos. No se sabe exactamente en qué cromosoma y en qué posición en el interior de éste se inserte el nuevo gen; esto puede ser determinado solo posteriormente. En caso que el nuevo ADN se inserte precisamente en medio de genes importantes, interrumpirá la función de éstos, esa planta se auto-eliminará porque no será capaz de desarrollarse, crecer y dar origen a una descendencia fértil.

Impacto ecológico-ambiental

¿Cuál es el impacto sobre el ambiente cuando OGM (virus, bacterias, peces, animales, etc.) entran como habitantes completamente nuevos en un ecosistema que no ha contribuido a crearlos y a seleccionarlos?

Contaminación genética

Especies invasoras. La posibilidad de que los *transgenes* fluyan de cultivos *ingenierizados* hacia sus parientes silvestres ha sido reconocido por varios científicos. Ellos concuerdan sobre los efectos dañinos de introducir plantas GM que pueden hibridarse con especies nativas, creando contaminación genética. Se han realizado algunos experimentos para medir la hibridación espontánea entre plantas GM y nativas cercanas taxonómicamente. Los resultados de estos experimentos muestran que la cercanía entre los dos tipos de plantas aceleraría la diseminación de las características transgénicas del cultivo en una población natural. De esta manera quedó claro, que los *transgenes* de un cultivo dado podrían entrar en las poblaciones naturales induciendo las especies nativas a convertirse en plantas invasoras.

Surge una nueva pregunta, si el flujo de genes de cultivos hacia sus parientes silvestres crea problemas, ¿Qué ha sucedido con los cultivos mejorados genéticamente mediante los sistemas tradicionales? Como se expuso en capítulos anteriores de esta obra, durante el siglo pasado se desarrollaron las técnicas de mejoramiento genético tradicionales, que se basaban principalmente en el cruzamiento y la selección. Gracias a esos recursos técnicos, se aumentó la producción, se mejoró la calidad y se evitaron grandes pérdidas en la producción agrícola mediante la creación de nuevas variedades resistentes a factores bióticos y abióticos. De esta manera se contribuyó al aumento en la producción que ayudó enormemente a mitigar el hambre a nivel mundial. ¿Son diferentes los cultivos mejorados con las técnicas tradicionales a los cultivos transgénicos? No, no son diferentes. Si no son diferentes, contamos con más de 50 años de experiencia y de esta manera podemos analizar como los cultivos mejorados con sistemas tradicionales han afectado a las poblaciones naturales y de esta manera predecir lo que podría suceder con los cultivos transgénicos. Según resultados de diferentes investigaciones realizadas durante el siglo pasado acerca de las consecuencias de hibridación natural entre los más importantes cultivos y sus parientes silvestres, se encontró que el flujo de genes de cultivos hacia malas hierbas creó serias dificultades por medio de la aparición de nuevas y más difíciles malezas. La hibridación con parientes silvestres ha sido involucrada en la evolución de supermalezas, más agresivas para muchos de los cultivos importantes del mundo. Un ejemplo ha sido la hibridación entre la remolacha marítima (*Beta vulgaris* subsp. *marítima*) y la remolacha azucarera (*B. vulgaris* subsp. *vulgaris*), la cual creó una supermaleza que ha dañado fuertemente la producción de azúcar en Europa.

Extinción de plantas selváticas. El flujo de genes de cultivos transgénicos hacia plantas nativas puede crear otro problema con un efecto opuesto al mencionado en el párrafo anterior. La hibridación entre una especie común y una rara puede, bajo las condiciones apropiadas, enviar a la especie rara a extinción en pocas generaciones. Hay varios casos en los cuales la hibridación entre un cultivo y su parientes silvestres ha incrementado el riesgo de extinción para la taxón silvestre.

Las PGM podrían transferir el *transgen* a plantas afines mediante la polinización, fenómeno conocido como 'trasferencia génica horizontal'. Esto se considera como una **contaminación genética,** o sea la posibilidad de que el polen producido por una planta genéticamente modificada fecunde las flores de plantas vecinas, y que de este modo difunda el *transgen* en otras plantas a las que no va dirigido. Esta probabilidad depende del tipo de especie cultivada, de las especies afines con las cuales comparten el mismo hábitat y de las características de fertilidad o de esterilidad de los híbridos espontáneos que se forman con ellas. Además se tiene que considerar también el tipo de reproducción de las plantas, debido a que existen numerosas especies que se autofecundan, para las cuales la probabilidad de contaminación genética es bajísima, y especies que, en cambio, se reproducen por fecundación cruzada, diseminando el polen en el ambiente a través del viento o usando como medio de transporte a los insectos. Para estas últimas, el fenómeno de trasferencia génica horizontal es posible. Mucho depende también de las áreas donde se cultiven las PGM. Por ejemplo, el maíz transgénico cultivado en Europa seguramente no dará lugar a flujos genéticos en el ambiente afuera de las áreas agrícolas, porque no hay especies espontáneas de maíz, pero cultivado en Centroamérica podría ocasionar un fuerte flujo de *transgenes* a las plantas autóctonas afines encontradas ahí, de donde esta especie es originaria. Lo mismo se puede decir en el caso que se cultivara un arroz transgénico en Asia de donde es nativo y donde existen plantas espontáneas, o la colza transgénica cultivada en Europa o la soya transgénica cultivada en China de donde proceden. Los cultivos transgénicos de gran difusión también pueden crear problemas a los agricultores. Por ejemplo, el agricultor que produce maíz no transgénico cerca de un campo con maíz transgénico tendrá su producto contaminado y lo tendrá que vender como transgénico. El hecho es todavía mas grave para los agricultores de producción ecológica, pero éstos son obviamente problemas de naturaleza social más que científica.

Para disminuir la probabilidad de contaminación genética por parte de la variedad genéticamente modificada, los investigadores están tratando de mejorar algunos aspectos de las metodologías de transformación genética. Entre éstas, es importante mencionar la *transplastómica*, el método de transformación genética de los cloroplastos, orgánulos que se encuentran dentro de la célula vegetal en los cuales se llevan a cabo las reacciones fotosintéticas. La ventaja de este método se basa en la alteración de los genes de los cloroplastos. De esta manera se evita la posible dispersión del *transgén* vía polen, ya que los granos de polen de la mayoría de especies cultivadas carecen de plastidios. Sin embargo, es muy difícil depositar los genes dentro de los cloroplastos y la expresión de la característica se limita normalmente a las hojas. Es claro que este sistema no es útil en plantas en las que se desea expresar la característica en el fruto o tubérculo. Esta técnica puede ser más valiosa para la introducción de resistencias que para aumentar la calidad nutricional del producto.

Otro sistema desarrollado para evitar la dispersión de polen con información transgénica es el de reducir la competencia natural de las semillas de la generación sucesiva. Esta tecnología conocida como '*terminator*' o 'semillas suicidas', utiliza las técnicas de construcción génica en tándem, esto es, la inserción de un segundo gen que se manifiesta en la generación sucesiva provocando, su autoeliminación. Las semillas producidas por las plantas transgénicas y por aquellas plantas espontáneas eventualmente fecundadas con el polen transgénico se desarrollan normalmente, pero no tienen la capacidad de germinar y producir nuevas plantas, evitando así que pueda realizarse la diseminación del *transgen* introducido. Esta tecnología está siendo fuertemente criticada, se objeta que las plantas *'terminator'* pueden representar un sistema mediante el cual las industrias productoras de semillas obliguen a los agricultores a la compra de nuevas semillas cada año. No se toma en cuenta el hecho de que muchos cultivos (como maíz, girasol y tomate) derivan de semillas híbridas 'tradicionales' que cada año tienen que ser readquiridas para no perder las características de productividad y uniformidad.

Por otro lado, existen otros mecanismos para que los *transgenes* escapen y migren hacia otros cultivos donde no se desean las características que ellos codifican. Sin un control cuidadoso existen muchas posibilidades de contaminar otras variedades. La liberación en campo de cultivos transgénicos de 'tercera generación' que serán cultivados para producir ciertos fármacos y otros productos bioquímicos para la industria, requerirá un estricto control para evitar la mezcla de semillas accidentalmente, y no encontrarnos con ciertos químicos indeseados en los productos destinados para la alimentación humana y animal.

Eventuales daños a los insectos útiles

Los insectos tienen la capacidad de desarrollar resistencia a insecticidas, sean estos biológicos o químicos. Además, cualquier insecto puede generar, con el tiempo, resistencia a una cierta toxina que alguna planta produzca para su autodefensa, sea esta transgénica o no. Actualmente existen grandes áreas de cultivo sembradas con PGM con el gen *Bt* que codifica la producción de una proteína tóxica para los insectos. Algunos ambientalistas expresan su preocupación por el probable desarrollo de resistencia de los insectos al *Bt* con una mayor rapidez debido a la continua exposición de éstos con la toxina proveniente de las plantas *ingenierizadas* con *Bt*. Se sabe que algunos insectos ya han desarrollado resistencia a esta toxina como resultado a la constante exposición de aspersiones con *Bt*. Esta toxina es muy apreciada entre los productores de agricultura orgánica debido a su origen natural y fácil degradación, por lo cual, una promoción de resistencia de los insectos por parte de los cultivos transgénicos con *Bt* provocaría graves pérdidas entre esos productores.

Se propone un programa de manejo integrado de plagas para que la utilidad de la toxina contra los insectos sea mas duradera. El programa manejaría la utilización de un biopesticida como principal control de plagas y mínimas cantidades de pesticidas convencionales. Si además se utilizan plantas transgénicas *Bt* se lograría una combinación de toxinas tal que retrasaría por mucho tiempo la aparición de insectos resistentes.

Otra estrategia sugiere la creación de refugios para los insectos, o sea que algunas zonas de terreno queden libres de cultivos transgénicos para que continúen viviendo los insectos no resistentes, los cuales se aparearán con los insectos expuestos al *Bt*. Con esto se podrá mantener la susceptibilidad de la población general. En Estados Unidos, se recomienda a los agricultores que utilizan cultivos transgénicos *Bt* a mantener un 20% de área utilizada como refugio, donde utilicen los métodos tradicionales de control con el propósito de mantener la supervivencia de insectos no resistentes.

Impacto sobre otras especies

Uno de los puntos más discutidos en los debates, seguramente es el riesgo relativo al daño que las plantas transgénicas que codifican la toxina *Bt* puedan provocar en el ambiente. Las plantas *Bt* presentan principalmente dos inquietudes: una tiene que ver con que los insectos contra los cuales ha sido producida la planta transgénica creen resistencia a la toxina y la otra se refiere al daño que estas plantas provocan a los insectos que no se desea afectar, es decir, a los insectos que no son directamente el objetivo del biopesticida como los predadores, los polinizadores y los visitantes ocasionales.

En contraste con los ambientalistas que se preocupan porque los cultivos transgénicos con *Bt* no son eficientes, tenemos a aquellos otros que piensan que estos cultivos son demasiado fuertes y matarán insectos que no constituyen una plaga. Un estudio sobre la mariposa Monarca mostró un aumento en la mortalidad de larvas de monarca alimentadas con polen de maíz transgénico con *Bt*. Resultado que descubre la posibilidad de que puedan ser afectados insectos que no son considerados dañinos. Sin embargo, los resultados de esos estudios no fueron muy satisfactorios debido a que los gusanos de la Mariposa fueron forzados a alimentarse con altas dosis de polen de maíz transgénico que finalmente los dañó. Después de unos años, otras investigaciones mostraron la baja probabilidad de efectos adversos en el ciclo de vida de la mariposa. Independientemente de que los primeros estudios no constituyeron una prueba válida debido a que se realizaron en condiciones muy diferentes a las reales, actualmente se continúan llevando a cabo investigaciones para determinar el grado de peligro que existe en el campo con estos y otros insectos.

Una observación obligatoria es aquella de que los insecticidas químicos y aún los biopesticidas también dañan de alguna manera a los insectos que no constituyen una plaga.

Por un lado, nuestros sistemas de control pueden afectar a otros insectos benéficos. Por otro lado, no podemos cultivar sin un control de plagas pues las pérdidas serían muy grandes. Algo tenemos que hacer para evitar estas pérdidas. Todas nuestras alternativas tienen desventajas. ¿Que hacemos? Lo mejor sería aplicar un programa de manejo integral de plagas. En futuro, podremos utilizar promotores apropiados en una planta transgénica, que aseguren que el *transgen* que produce la toxina no se exprese en el polen de la planta para evitar el daño a insectos benéficos.

Mayor requerimiento de herbicidas

El glifosato es el principio activo del herbicida *Roundup* utilizado en cultivos transgénicos y que ha sido ampliamente promovido como un agroquímico sin impacto ambiental. No obstante sea menos dañino para el ambiente que otros herbicidas, es necesario aclarar la real toxicidad. En realidad, cuando de agroquímicos se trata, algún daño colateral tendrá en el ambiente donde se aplica, aunque la propaganda para el uso de este herbicida diga que es más amigable para con el medio ambiente.

De todas maneras, la estrategia en la utilización de este herbicida puede contribuir a reducir la cantidad requerida y no a aumentarla como se piensa. La posibilidad de efectuar el tratamiento con el glifosato también después de la germinación de la planta, permite además, programar el empleo del herbicida en un modo mas racional, en base a las necesidades y al comportamiento climático de la estación, reduciendo las cantidades totales empleadas.

Plantas nuevas invaden ambientes nuevos

¿Una planta genéticamente modificada puede difundirse en el ambiente de manera incontrolada? No es fácil predecir los efectos a largo plazo de la introducción de nuevos organismos vegetales que sean genéticamente modificados o no. La agricultura utiliza abundantemente especies que no están presentes naturalmente en el lugar del cultivo. Por siglos han sido introducidas en Europa especies no indígenas, ya sea de manera intencional que casual. Pensemos en los cultivos de maíz, soya, papa y tomate, que hoy representan gran parte de la agricultura europea y que fueron introducidos en el viejo continente, de zonas muy lejanas como América. Si bien muchas de estas especies son innocuas o inclusive ofrecen beneficios, otras se definen como 'invasoras', por la capacidad de invadir el ambiente y degradarlo. De cualquier manera, no hay ningún motivo para creer que las PGM son más invasoras que las especies cultivadas en hábitats no nativos.

Biodiversidad comprometida

En el curso de miles de años, la evolución natural ha generado el enorme patrimonio de diversidad biológica que puebla nuestro planeta, o sea la 'biodiversidad'. Este potencial genético es esencial para asegurar la adaptación de las especies a la progresiva mutación de las condiciones de vida: la pérdida de la biodiversidad representa por lo tanto una amenaza para la supervivencia de las especies vivientes sobre la tierra. El desarrollo de la agricultura, con la progresiva selección únicamente de las plantas de interés productivo ha efectivamente llevado a una reducción de la variabilidad genética y solo recientemente se ha comenzado a poner atención en la conservación de la biodiversidad existente que una vez perdida, no es posible recrear.

La posibilidad de crear PGM depende mucho de la disponibilidad de genes representado por la diversidad genética. Por lo tanto, la biotecnología tiene necesidad de la preservación de la biodiversidad, que tiene que ser salvaguardada ya que es la fuente de genes, en cambio de ser potencialmente eliminada porque 'obsoleta' o porque no es más comercialmente conveniente. Existen en el mundo centros especializados para la conservación del material genético vegetal (llamados bancos de germoplasma), que trabajan para evitar la desaparición de una multitud de variedades vegetales no más cultivadas porque no incluidas en los costosos programas de mejoramiento genético que han llevado a la realización de los cultivos actuales.

Impacto socio-económico

Estamos frente a una nueva revolución agrícola que inducirá a grandes cambios sociales y económicos para la entera población mundial. El núcleo de esta 'biorevolución' radica en la semilla, la cual se convertirá en el centro del desarrollo agrícola. Ya sucedió en el siglo pasado que la semilla fuera un factor importante en la revolución verde, pero no fue el único insumo que participó; también actuaron los fertilizantes químicos y pesticidas, además de una gran participación de la maquinaria agrícola. Pero en aquella revolución, los insumos podían interactuar juntos o de manera independiente. Esta vez, la semilla será el principal protagonista de la nueva revolución, ya que condicionará el tipo de agroquímicos, rendimientos, épocas de cosecha, grado de calidad, aptitud para la transformación industrial, pero sobretodo, influirá en el precio final. Es obvio que, quien logre controlar legalmente la producción de la mejor simiente, tendrá en sus manos la llave de la gestión mundial de los alimentos con consecuentes conflictos sociales.

La siguiente tabla muestra las principales diferencias entre Revolución Verde (basada en el mejoramiento genético tradicional) y la Bio-revolución (basada en el ADN recombinante).

	Revolución Verde	Bio-revolución (Ing.Gen.)
Qué tipo de especies	principalmente cereales	potencialmente todas

Nivel de manipulación	plantas	celular y molecular
Sedes de investigación	países en vías de desarrollo	principalmente en países desarrollados
Áreas de cultivación	las mas fértiles	todas las áreas
Áreas de competencia	Genética y Fitopatología	Genética y Biología Molecular
Costo	no muy elevado	muy elevado
Instituciones de investigación	prevalecen las Públicas	prevalecen las Privadas
Patentes	no importantes	muy importantes
Origen de genes de interés	aislados de especies cercanas	aislados de especies cercanas y lejanas

En esta tabla se puede apreciar la razón por la cual serán pocas las empresas que podrán desarrollar esta tecnología. La principal razón es que la nueva tecnología genética es muy costosa y se ha desarrollado con una rapidez sorprendente debido a la creación de un interés económico que fue generado hace algunos años por la declaración legal de que los organismos modificados por la Ingeniería Genética podrían ser patentados y por lo tanto declarados como propiedad. Aunque, gran parte de la investigación se ha llevado a cabo en instituciones públicas, los mayores logros en los últimos 20 años los han obtenido empresas privadas. Además, esas empresas han aprovechado los resultados de muchísimas investigaciones hechas en instituciones públicas de todo el mundo sin haber invertido un solo centavo. El estímulo de jugosas ganancias y los costos muy elevados de inversión inicial han favorecido a compañías multinacionales ya existentes. Éstas han aprovechado la situación para reestructurar sus empresas en pos del dominio del mercado internacional. Esas compañías pertenecen a los países desarrollados, por lo tanto, la dependencia de los países en vías de desarrollo será mayor en el futuro.

Por otro lado, alguien tiene que realizar la tarea de crear nuevas variedades de acuerdo a nuestras necesidades. Legal y razonablemente, las multinacionales son las únicas empresas que podrán llevar a cabo este proyecto. Ya lo están haciendo, por lo tanto, no nos sorprendamos si algún día, el maíz originario de nuestras tierras, no nos pertenezca legalmente.

Tendencia a industrializar la agricultura

Otro aspecto que se le imputa a los organismos derivados de la ingeniería genética es el fomento de la industrialización de la agricultura. Es importante subrayar que el actual sistema agrícola, aún sin las plantas GM, se basa exclusivamente en la monocultivo y prevé un uso masivo de pesticidas, herbicidas e irrigación para permitir los actuales rendimientos elevados de las especies cultivadas, también en ambientes no aptos. Este tipo de agricultura industrializada se ha desarrollado durante la revolución verde en los años 1950-1970 y se sabe que ha contribuido fuertemente a la degradación del ambiente. El mejoramiento genético utilizando la biotecnología, potencialmente puede ofrecer las soluciones para los problemas ambientales actuales y por lo tanto, puede ser útil evaluar, también caso por caso, su aplicación y las implicaciones consecuentes.

Bioseguridad y OGM

Se han introducido severas medidas de seguridad en todos los países occidentales para tener un mejor control sobre el empleo de las PGM. Las normas para la seguridad de la biotecnología son únicamente de tipo preventivo y recomiendan evaluaciones cuidadosas de riesgo antes de iniciar actividades de investigación, producción y/o comercialización de productos obtenidos utilizando las técnicas biológicas modernas.

Reglamentación de la seguridad

Mientras que en países como Estados Unidos, Canadá y Japón ha predominado el criterio de evaluar la eficiencia y la seguridad del uso de los productos, sin particular atención a las tecnologías usadas para obtenerlos, en Europa ha prevalecido la imposición de una 'reglamentación de tecnología'. Se considera 'discriminante' el mismo empleo de las técnicas biológicas en la producción alimentaria. Esto quiere decir que es suficiente un solo ingrediente proveniente de materias primas GM para que el alimentos sea considerado GM. Como consecuencia, las autoridades nacionales responsables de llevar a cabo los controles necesarios tienen dificultad para certificar la equivalencia sustancial de todos los alimentos puestos en su consideración.

En los Estados Unidos, en particular, la verificación de los requisitos de seguridad de los nuevos vegetales y su autorización está confiada a tres corporaciones federales: el Ministerio de la Agricultura Norteamericano, el ente responsable del control de alimentos y medicinas (FDA) y la agencia federal para la protección del ambiente (EPA).

A nivel internacional, en la evaluación de los OGM, un grupo de expertos nacionales sobre bioseguridad ha tenido una gran participación estableciendo los criterios y principios de seguridad siguiendo la iniciativa de la Organización para la Cooperación y Desarrollo Económico (OCSE). El objetivo principal de ese documento, mejor conocido como protocolo de Cartagena, es promover en los países en vías de desarrollo la seguridad de la biotecnología al establecer normas y procedimientos en el uso de los OVM y de los productos que de éstos derivan.

Restricciones al uso de las PGM

Principio de precaución. En Europa más cautelosos.

Después de una fuerte insistencia de parte de los movimientos de oposición a los OGM, la Unión Europea estableció restricciones al uso de éstos como 'Principio de precaución'. Lo hizo mediante una normativa europea que permite la liberación con mucha cautela de los productos OGM en el ambiente. El objetivo de esta normativa es la evaluación y tener bajo control los efectos de los OGM sobre el ambiente y sobre la salud humana y animal. Desgraciadamente, la Unión Europea ha también reducido los financiamientos públicos a la investigación en el sector y como consecuencia también ha desanimado aquellos privados sin considerar que el estudio de las plantas transgénicas no solo no presentan peligros ni para el hombre ni para el ambiente, sino que puede ayudar a aclarar muchos aspectos todavía obscuros de esta tecnología. Por lo tanto, las perspectivas de los OGM en Europa prevén un acentuado retardo y con esto habrá también un retardo en la reducción de la utilización de pesticidas, fertilizantes y destrucción de bosques en busca de nuevas áreas de cultivo.

La identificación de los OGM

Como resultado de una masiva difusión de plantas transgénicas por parte de las empresas multinacionales durante los últimos años y enfrentando la reacción negativa de la opinión pública mundial, principalmente la europea, los legisladores europeos analizaron el problema de identificación de productos alimentarios derivados de OGM o contaminados por éstos. Debido que en el mercado de la Unión Europea se maneja el ***principio de precaución***, principalmente en materia de seguridad alimentaria, ante la más mínima sospecha de perjuicio o daño para la salud ocasionado por un producto GM, las autoridades europeas no autorizan su comercialización o en caso que ya esté en comercio, se ordena el inmediato retiro del mercado. Para facilitar la identificación y su inmediata prohibición, las autoridades europeas exigen a los fabricantes a informar si los ingredientes del alimento contienen productos GM mediante una etiqueta. Por otro lado, la importancia de indicar claramente si los ingredientes de un producto están constituidos por OGM, para los consumidores resulta ser un derecho por la libertad de elección. Esta exigencia no es obligatoria cuando la presencia de transgénicos sea accidental o técnicamente inevitable y el contenido de éstos no supere el límite de 0.9%. Esto quiere decir que se pueden encontrar ingredientes conteniendo trazas de transgénicos en una proporción de 0.9% o inferior. Este porcentaje se permite porque está probado que se pueden mezclar accidentalmente distintos tipos de productos en la misma línea de producción alimentaria haciendo que aparezcan trazas de material transgénico en alimentos que supuestamente no deberían tenerlos. Etiquetar apropiadamente los alimentos que contienen OGM actualmente es un requisito no solo en la Unión Europea, sino también en muchos otros países. Una simple etiqueta que nos informe qué estamos introduciendo en nuestro organismo es un derecho, no una opción.

¿Cómo identificar si un producto es transgénico o no? A simple vista es imposible diferenciar una planta GM de otra 'natural'. Se requieren técnicas biomoleculares para identificar la presencia de un particular *gen extranjero* introducido en un organismo, pero sólo se puede hacer si se conoce al menos una porción de su 'ADN foráneo', en caso contrario, no es posible identificarlo en ningún modo. Más arduo será determinar un porcentaje de productos GM en un alimento para saber si respeta la ley del etiquetado. Por el momento, la identificación de trazas de material transgénico en alimentos no es muy difícil debido a que los cultivos difundidos a larga escala, soya, colza, algodón, maíz y soya, han sido obtenidos más o menos con los mismos *constructos*, o sea utilizando como *promotor* el *35S* y como secuencia de terminación el *nos* (*nopaline synthase*). Una simple amplificación por PCR hecha con *primers* designados para cualquiera de los dos componentes de la *caseta* identifica la eventual presencia del *constructo* y por lo tanto facilita la determinación del porcentaje de material de origen transgénico contenido en la muestra analizada. Sin embargo, el problema es más complicado de cuanto parece, pues en los últimos años, la investigación ha refinado la expresión de los genes y ahora se usan *constructos* diferentes. Se han introducido nuevos *promotores* y secuencias que promueven la transcripción del gen solamente en ciertos tejidos, por ejemplo, sólo en las semillas o sólo en las hojas, y en otros casos se han perfeccionado *constructos* inducibles por tratamientos externos. Los *promotores* de dominio público son pocos, mientras que aumentan continuamente *promotores* y '*casetes de expresión*' desarrollados por compañías privadas y que no son publicadas. Esta continua evolución hará más complicada para el futuro la identificación de los productos GM en los alimentos y en otros productos.

Plantas transgénicas y agricultura ecológica

La agricultura ecológica, también conocida como orgánica, es un sistema de producción que promueve el manejo racional de los recursos naturales y que no acepta la utilización de productos e insumos de síntesis química (fertilizantes, pesticidas, etc.). Para obtener la certificación de los productos orgánicos se deben respetar las reglas establecidas en este tipo de agricultura. La mayoría de los criterios de cultivación fueron adoptados por la agricultura ecológica desde hace más de 50 años. Estos criterios consideran la prohibición del uso de casi todos los pesticidas, con pocas excepciones, de todos los herbicidas y de la mayor parte de los fertilizantes "inorgánicos" productos químicos de síntesis. Opta, en su lugar, por la utilización de fertilizantes "orgánicos" (estiércol), eliminación mecánica de las malezas y el control biológico de los parásitos. Admite todos los métodos de mejoramiento genético de las plantas, incluso aquellos que emplean mutágenos químicos o físicos, pero no acepta las plantas transgénicas producidas mediante técnicas de ingeniería genética.

Sin duda alguna, este sistema de producción agrícola sería el mejor para utilizar en todo el mundo. Sin embargo, esta alternativa resulta muy costosa e insuficiente. Se estima que la agricultura orgánica podría alimentar a unos tres mil millones de personas, pero no alcanzaría para cubrir las necesidades de los 9 mil millones de habitantes de la tierra previstos para los próximos decenios. Una de las principales restricciones es la falta de fertilizantes orgánicos requeridos para mantener una producción sostenible. Se necesitarían grandes extensiones de terreno ganadero para la producción suficiente de estiércol. Obviamente estos terrenos no podrían ser fertilizados con estiércol, si no, se entraría en un círculo vicioso, ni tampoco con fertilizantes químicos, si no se entraría en contradicción. En pocos años, esos terrenos se volverían pobres sin ser fertilizados. Además, desgraciadamente, el control biológico de los patógenos de las plantas no es tan eficaz como los pesticidas químicos, por lo tanto los rendimientos en producción son muy bajos y el producto cosechado presenta con frecuencia, trazas del ataque de parásitos. Debemos tener en cuenta que un producto que presenta trazas de ataque de hongos, seguramente tendrá trazas de micotoxinas, algunos tipos de las cuales son muy peligrosas para el consumo humano. Todo esto, sin considerar que el producto agrícola final tendría un costo muy elevado que sólo podría estar al alcance de un grupo reducido de consumidores.

Plantas cisgénicas, la alternativa

Como se ha dicho anteriormente, la legislación europea ha limitado mucho el desarrollo y difusión de plantas GM desanimando así las subvenciones para la investigación. El retardo en la investigación alargará las consecuencias negativas para el ambiente por mucho más tiempo. Se necesitará más alimento en los próximos 20 - 30 años para una población en rápido crecimiento, se tendrá que aumentar la producción y/o las áreas cultivadas, lo que significa un mayor uso de pesticidas y fertilizantes y la destrucción de áreas forestales con inevitable pérdida de biodiversidad. Para mejorar genéticamente las plantas, queda el mejoramiento genético tradicional que hasta ahora nos ha proporcionado muchos beneficios. Desgraciadamente, esta tecnología no es un proceso rápido y eficiente. Esta técnica utiliza el cruzamiento normal entre una planta silvestre que posee la característica de interés con un cultivar de óptima calidad, la progenie recibe no solo los genes de interés, sino también otros genes, con frecuencia deletéreos. Este problema puede retardar el proceso inmensamente, sobretodo si el gen de interés está estrechamente legado a uno o más genes deletéreos. Este fenómeno llamado *linkage drag*, puede ser reducido después de sucesivas generaciones de retro-cruzamientos con la planta cultivada y un fatigoso y largo proceso de selección para regenerar un genotipo en el cual el gen de interés ya no esté más legado a ningún gen indeseado. Recientemente, una nueva técnica de mejoramiento genético ha sido propuesta como alternativa al lento y largo procedimiento del mejoramiento tradicional: la cisgénesis. Esta técnica utiliza también la metodología de la transformación genética pero debería suscitar menores inquietudes en el público. La cisgénesis se encuentra en medio entre el mejoramiento genético tradicional y la transformación genética eliminando las desventajas de uno y las desventajas de la otra. Permite la transferencia únicamente de la característica cromosómica de interés, por lo tanto es mucho más veloz respecto al mejoramiento tradicional y más segura para los consumidores y el ambiente, respecto a la transgénesis.

La cisgénesis utiliza un gen natural que proviene de una planta sexualmente compatible. La transferencia de este gen incluye sus propios *intrones*, y está junto a su *promotor* nativo y su *terminador* orientado en el sentido normal. Precisamente por esto, se considera que la fuente de los genes es de la misma naturaleza. La Transgénesis, en cambio, utiliza uno o más genes de cualquier otro organismo (bacterias, virus, etc.) o de una planta donadora incompatible con la planta hospedadora.

Análisis de riesgo/beneficio de los OGM

¿Es más bueno que malo o más malo que bueno?

Antes que todo debemos analizar si las ventajas que tienen las técnicas no convencionales de mejoramiento genético son superiores a las desventajas que advierten los potenciales riesgos. Ya tenemos un importante ejemplo en la historia de la humanidad: la energía nuclear. Al principio, los investigadores descubrieron que tal energía tenía múltiples ventajas para la sociedad. Y es cierto, es un tipo de energía que tiene varias aplicaciones en la producción de electricidad y diversos empleos industriales. Pero, la evaluación respecto al potencial riesgo de algún accidente como los que ocurrieron en Chernobyl y en Fukushima, ha advertido consecuencias tan grandes que muchos países optaron por suspender la instalación de reactores en sus territorios. Los riesgos son tan grandes que superan las extraordinarias ventajas. ¿Es el mismo caso que con los OGM?

¿Críticas contra las plantas transgénicas o contra los Organismos Genéticamente Modificados?

Muchas críticas se enfocan contra el establecimiento de Plantas Genéticamente Modificadas (PGM) y no lo hacen con la misma intensidad contra la utilización de otros Organismos manipulados genéticamente que se utilizan en la industria. Estos organismos también han sido *ingenierizados* genéticamente y presentan potencialmente los mismos riesgos para el ambiente, pero no reciben las mismas críticas, ni acusaciones alarmistas. Curiosamente, a varios de los críticos que más se pronuncian en contra de los alimentos genéticamente modificados no les afecta el hecho de que muchos productos farmacéuticos de amplia utilización en la actualidad también sean productos genéticamente manipulados. No es coherente que se tenga más tolerancia hacia un microorganismo transgénico que produce insulina para la fabricación de un fármaco que hacia una planta transgénica, resistente a plagas o enfermedades. Ambos productos *ingenierizados* genéticamente presentan beneficios y riesgos para la humanidad.

Toda nueva tecnología presenta riesgos. Contamos con decenas de ejemplos de grandes inventos y desarrollo de tecnologías que ofrecen grandes beneficios acompañados de perjuicios para la organización de cualquier civilización y el entorno ambiental. La tecnología avanzada utilizada en el vuelo de aviones y la de la producción de materiales CFC están consideradas entre los principales contribuyentes del deterioro de la capa de ozono; la emisión de gases tóxicos, consecuencia de un gran desarrollo tecnológico en la industria de los países desarrollados provoca, en mayor proporción, el efecto invernadero que incrementa la temperatura y amenaza con desestabilizar las condiciones climáticas a nivel mundial; la ya mencionada producción de energía nuclear, desechada por muchos países por razones ya conocidas; la creación de pesticidas a base de moléculas que no se degradan fácilmente y se acumulan en suelos y agua a través del tiempo; el desarrollo de la informática que controla mediante una computadora varias máquinas haciendo más eficiente la fabricación de bienes de consumo, pero que incrementa aun más el desempleo. Estos ejemplos son suficientes para mostrar que el desarrollo de una tecnología, siempre trae consigo alguna desventaja. La nueva tecnología utilizada por la Ingeniería Genética no es la excepción y presenta ciertas desventajas.

Conclusiones

Según las proyecciones del crecimiento poblacional de las Naciones Unidas, para el año 2050 el planeta contará probablemente con más de 9 mil millones de habitantes. Se necesitará más del doble de alimentos respecto a la producción acutal. Para duplicar la producción de alimentos manteniendo el mismo rendimiento de producción actual, se requerirá al menos la duplicación del área cultivable, lo que nos conduciría a la devastación de la biodiversidad. Los opositores al mejoramiento de la tecnología reclaman que las soluciones orgánica y extensiva, y el consumo de menor cantidad de proteína animal pueden lograr el incremento requerido. Pero los que apoyan este tipo de soluciones para satisfacer la demanda de alimentos parecen ser un poco tímidos en la presentación de datos que sostengan sus propuestas. Una razón podría ser que los principales gobiernos, entre ellos China, no parecen estar de acuerdo. China está incrementando la importación de proteína animal de manera sorprendente.

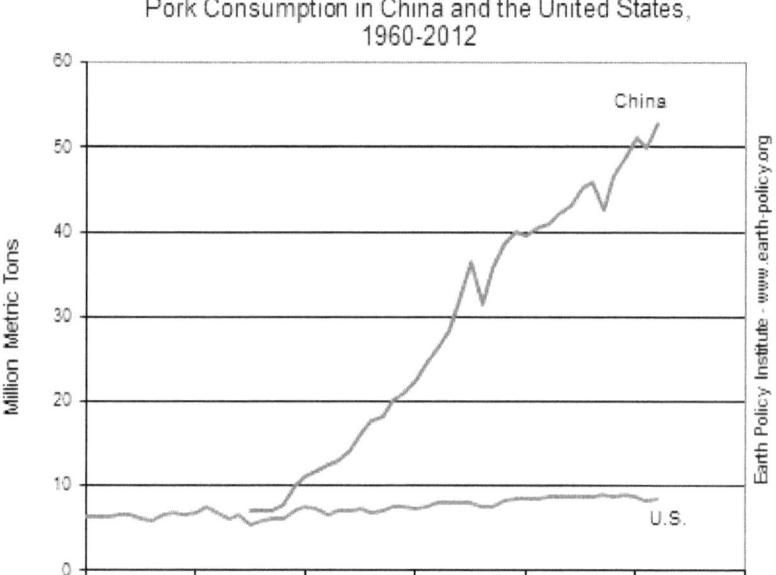

El mundo necesita alimentos suficientes, que sean inocuos para los humanos y los animales, que su producción no dañe al ambiente y que además estén disponibles a un precio accesible. Podemos seguir analizando y siempre habrá algún inconveniente para poder encontrar una solución. Analizando la historia de la humanidad, suponemos que el hambre de los países en vías de desarrollo no puede eliminarse de la noche a la mañana con una solución técnica y que la continua pobreza de estos países se debe más a una cuestión política y social, y que se encuentra íntimamente relacionada con el consumo y derroche de los países desarrollados.

Así como hemos reconocido algunos riesgos en que los OGM podrían afectar negativamente el ambiente, debemos reconocer también los aspectos positivos que los cultivos GM pudieran tener en el mismo. Analizando la enorme potencialidad de los cultivos genéticamente modificados, algunos de los beneficios que se pueden obtener para balancear sobre los posibles riesgos:

- aumento de los rendimientos (mayor producción/unidad de área);
- beneficios nutricionales (aumento del contenido proteico en las plantas);
- reducción del impacto ambiental (disminución de la aplicación de pesticidas y herbicidas);
- fertilización de suelos (ayudando a fijar el nitrógeno atmosférico);
- adaptación de plantas en ambientes marginados para poder explotar zonas inutilizables hasta ahora (zonas áridas y semiáridas);
- utilización de plantas que actualmente no tienen ningún valor agronómico (potencialmente útiles para la industria);
- explotación de plantas destinadas a uso no alimentario (medicinas, vacunas, aceites y otros productos de plantas transgénicas).

Estos han sido solo algunas de los múltiples beneficios que se pueden obtener de las técnicas que utilizan el ADN recombinante. Es el momento de analizar, si los riesgos pesan más que los beneficios o si por el contrario, la Ingeniería Genética es la herramienta que buscamos para obtener el desarrollo sostenido que nuestro mundo necesita.

Para que un método de producción de alimentos sea adoptado, necesita ser el menos dañino para la biodiversidad y el ambiente en general. Por lo menos, el impacto sobre la biodiversidad debe ser consecuencia de la producción de más alimentos, sin la necesidad de utilizar más suelo. Las alternativas son impensables o políticamente impracticables: tendríamos que incrementar sustancialmente la cantidad de suelo cultivable con la correspondiente destrucción del hábitat primario; reducir inmediatamente a cero el crecimiento de la población global; imponer una dieta global que minimice el consumo de proteína animal. Prácticamente, la única alternativa es la de utilizar, en conjunto, todas las opciones que tenemos para asegurar un adecuado suministro de alimentos y cubrir así la necesidad de la creciente población y mientras esperar a que los políticos generen un milagro.

Estrategia mundial

Para asegurar el aumento sostenible en la producción de alimentos para los próximos 30 años manteniendo un área similar de tierra cultivable y con el menor daño posible al ambiente, se requerirá de una estrategia mundial integrada que deberá incluir:

- Programas de mejoramiento genético para el incremento del rendimiento potencial, resistencia a plagas y enfermedades y aumento de la calidad; incluye programas para adaptar los cultivos a diferentes ambientes, por ejemplo aquellos con escasa disponibilidad de agua. Esto es, continuar con los programas de mejoramiento genético tradicional y de recombinación genética;

- Programas para la utilización del suelo para minimizar las pérdidas de suelo cultivable debido a la urbanización y la erosión;

- Programas agronómicos para mejorar la eficiencia en el uso de nutrientes y particularmente del agua;

- La elaboración de un programa político para reducir la dependencia global de proteína animal;

- La creación de contingencias para desastres políticos, sociales y ambientales;

- La creación de leyes internacionales que impidan la monopolización de la producción de semilla y de insumos agrícolas.

Salvo una mejor propuesta por parte de los ambientalistas y otros opositores, las técnicas de ADN recombinante ofrecen uno de los mejores planes, en el cual puede ser basada la esperanza de vida en este planeta.

Después de esta evaluación, podemos recordar algunos eventos históricos en donde muchas innovaciones tecnológicas han sido adoptadas por la sociedad con desconfianza y que hoy en día son utilizadas con gran aceptación. Otros productos, en cambio, que en el presente pueden generar preocupación en el consumidor, no obtuvieron ninguna objeción en el pasado debido a que no contaron con la información suficiente sobre sus posibles riesgos. Las variedades desarrolladas mediante la aplicación de la mutagénesis inducida (usando irradiación nuclear o agentes químicos) fueron aceptadas sin tener la certeza científica de que eran seguras. Muchos otros productos de nuevas tecnologías, fueron recibidos por la sociedad con escepticismo y hoy en día, son adoptados con normalidad, por ejemplo el horno microondas. Históricamente, en el sector de los alimentos, se ha mostrado cierto temor cuando se han introducido procesos más eficientes en la industria y al final, la población ha comprendido que los eventuales riesgos eran mínimos o controlables y ha reconocido las ventajas en cuanto a la calidad del producto y/o la disminución sustancial en los costos de producción de éste, por ejemplo la pasteurización, el enlatado y congelamiento de alimentos, los cuales gozan de une gran difusión en la actualidad.

El hecho de crear algo solo porque somos capaces de hacerlo es una razón inadecuada para sostener a una nueva tecnología. Si lo hacemos es porque lo necesitamos y porque contamos con las herramientas necesarias para la producción de alimentos y otros productos agrícolas secundarios. Si utilizamos nuestros conocimientos avanzados en Ecología y en Ciencias Sociales podremos hacer una elección consciente de cómo crear los productos que son mejores para los humanos, nuestro ambiente y que estén disponibles en cantidad suficiente y a un precio accesible.

Importancia de los debates

Aquellos que de una u otra forma hemos atendido cursos de biotecnología o presenciado debates acerca de los OGM, contamos, por el momento, con los conocimientos básicos para entender ciertos cuestionamientos que los activistas hacen respecto a la utilización de plantas transgénicas en la producción agrícola; pero para determinar si se debe seguir adelante con la investigación o cambiar de rumbo, se necesita mucho más que conocimientos básicos para decidir si es bueno para la población mundial o no lo es.

Para lograr una regulación en la producción en la que se defina que los beneficios potenciales compensan los eventuales riesgos, se exige el diálogo entre los científicos a favor y en contra, junto con las agencias de investigación gubernamentales encargadas de compilar los resultados de investigaciones realizadas con el fin específico de probar la inocuidad de los productos transgénicos para las personas, los animales y el ambiente.

¿Plantas Frankenstein?

Antes que todo debemos evitar el alarmismo innecesario que desvía completamente la atención sobre los beneficios que las nuevas técnicas ofrecen a la producción agrícola. El alarmismo crea pánico entre la población y esta rechaza totalmente cualquier discusión. Se ha visto que algunos grupos opositores a las nuevas tecnologías biológicas diseñan un muñeco monstruoso que representa una planta transformada y la utilizan de estandarte. El muñeco esta hecho a base de partes de diversos vegetales: orejas de lechuga, cuerpo de piña, ojos de uva, nariz de zanahoria, etc. Nosotros sabemos que eso no es posible y que no es la intención del mejorador genético, pero ¿Pensará igual una Ama de casa? ¿Que piensa un niño, un mecánico, un carpintero o cualquier ciudadano común? Sinceramente, yo también me preocuparía y evitaría que mis hijos tuvieran contacto con cualquier cosa que tenga que ver con esos monstruos. Mas del 99% de la población mundial no cuenta con los conocimientos básicos sobre biotecnología porque no esta relacionada directamente con la ciencia, o no ha tenido la oportunidad de participar en reuniones y debates, o probablemente no ha leído apuntes básicos de biotecnología. Si toda esa gente escucha hablar de "plantas Frankenstein" o que la ingeniería Genética esta creando monstruos que producen alimentos tóxicos, entra en un estado de terror súbito, sin ningún fundamento más que el miedo producido por un muñeco con nariz de zanahoria. Los que tenemos la fortuna de contar con los conocimientos básicos, sabemos que el investigador con ética no busca la creación de ningún monstruo, sino que trata de llegar a la creación de plantas que se adapten al ambiente en lugar de adaptar el ambiente a las plantas como se viene haciendo en la producción intensiva de la agricultura actual. Ni en la imaginación del peor de los científicos existe la creación de un monstruo con hojas que fotosintetizan. Lo que sí podemos asegurar es que todos los investigadores con ética buscan el mejoramiento de los cultivos, creando características útiles en éstos. Con esto no quiero decir que las buenas intenciones de los científicos sean suficientes para evitar los riesgos que presentan sus investigaciones sobre las nuevas técnicas. A este punto, considero el momento oportuno para hacer un debate con aquellas personas que tienen argumentos y opiniones en contra del establecimiento de cultivos transgénicos en los campos. Pero insisto, se debe mantener bien informada a la población acerca de lo que sucede y se discute y evitar la creación de alarma entre la opinión pública. Para determinar si es recomendable seguir por el camino de los productos agrícolas resultantes de plantas transgénicas es necesario promover un diálogo público abierto, transparente, basado en información científicamente convalidada para poder hacer una evaluación con mucha calma y sin alarmismos.

Referencias

Aide T.M. and Grau H.R. (2004). Globalisation, Migration, and Latin American Ecosystems. Science. 135:1915-1916.

Andow D.A. and Hilbeck A. (2004). Science-based Risk Assesment for Nontarget Effects of Transgenic Crops. BioScience. 54: 637-649.

Baima S. e Morelli G. (2010). Dai geni ai semi. Genetica e biotecnologie in agricultura. Centro Stampa Università degli Studi di Roma, La Sapienza, Roma.

Beadle G.W. and Tatum E.L. (1995). Neurospora. 2. Methods of producing and detecting mutations concerned with nutritional requirements. Amer. J. Botany. 32:678-86.

Bertolla F., Nalin R. and Simonet P. (2002). In Situ transfer of antibiotic resistance genes from transgenic (transplastomic) tobacco plants to bacteria. Applied and Environmental Microbiology. 68: 3345-3351.

Beyer P., Al-Babili S., Ye X., Lucca P., Schaub P., Welsch R. and Potrykus I. (2002). Golden rice: Introducing the (beta)-carotene biosynthesis pathway into rice endosperm by genetic engineering to defeat vitamin A deficiency. J. Nutr. 132: 506S-510S.

Bolet Astoviza M. y Socarras Suarez M. (2005). Micotoxinas y cáncer. Revista Cubana Invest Biomèd. 24:54-59.

Bruinsma M, Kowalchuk G.A. and van Veen J.A. 2003. Effects of genetically modified plants on microbial communities and processes in soil. Biol..Fertil.Soils. 37: 329-337.

Brundtland, G.H. (1987). Our common Future. World Commission on Environment and Development. Oxford, Oxford University Press.

Castañón S., Marín M.S., Martín-Alonso J.M., Boga J.A., Casais R., Humara J.M., Ordás R.J. and Parra F. (1999). Immunization with Potato Plants Expressing VP60 Protein Protects against Rabbit Hemorrhagic Disease Virus. Journal of Virology. 73: 4452–4455.

Chrispeels M.J. and Sadava D.E. (2003). Plants, Genes, and Crop biotechnology. Jones and Bartlett Publishers Inc.

Clive J.. (2012). Global Status of Commercialized Biotech/GM Crops: 2012. ISAAA Brief No. 44. ISAAA: Ithaca, NY. Ithaca, NY:

Dale E.C. and Ow D.W. (1991). Gene Transfer with Subsequent Removal of the Selection Gene from the Host Genome Proceedings of the National Academy of Sciences of the United States of America. 88: 10558-10562.

Davies K.M., Spiller G.B., Bradley J.M., Winefield C.S., Schwinn K.E., Martin C.R. and Bloor S.J. (1991). Genetic engineering for yellow flower colours. ISHS Acta Horticulturae 560: IV International Symposium on In Vitro Culture and Horticultural Breeding.

Den Nijis H.C.M., Barstsch D. and Sweet J. (2004). Introgression from Genetically Modified Plants, Into Wild Relatives. CABI Publishing, The Netherlands.

Elborough K.M. (1998). Production of the biodegradable plastic polyhydroxyalkanoates (PHAs) in plants. In: Engineering Crops for Industrial End Uses, Shewry P.R., Napier J.A. and Davis P., eds. Portland Press.

Eriksson M.E., Israelsson M., Olsson O. and Moritz T. (2000). Increased gibberellin biosynthesis in transgenic trees promotes growth, biomass production and xylem fibre length. Nat Biotechnol. 18: 784–788.

Feldman Riebe J. (1999). The development and implementation strategies to prevent resistance to *Bt*-expressing crops: and industry perspective. Can. J. Plant Path. 21:101-105.

Gressel J. (1999). Tandem constructs: preventing the rise of superweeds. Trends Biotechnol. 17: 361-366.

Haq T.A., Mason H.S., Clements J.D., and Arntzen C.J. (1995). Oral immunization with a recombinant bacterial antigen produced in transgenic plants. Science. 268: 714-716.

Horne J.E. and McDermot M. (2001). The Next Green Revolution: Essential Steps to a Healthy, Sustainable Agriculture. Food Products Press. New York.

Indur M.G. (2001). Precaution without Perversity: A Comprehensive Application of the Precautionary Principle to Genetically Modified Crops. Biotechnology Law Report. 20: 377-396

Jacobsen E. and Schouten H.J. (2007). Cisgenesis strongly improves introgression breeding and induced translocation breeding of plants. Trends in Biotechnology. 25: 219-223.

Keller F.E. (2000). The Century of the Gene. Harvard University Press.

Kramer M., Sanders R., Bolkan H., Waters C., Sheehy R. and Hiatt W. (1992). Post-harvest evaluation of transgenic tomatoes with reduced levels of polygalacturonase: processing, firmness and disease resistance. Post Harvest Biol. Technology. 1: 241–255.

Larsen J. (2013). China's Growing Hunger for Meat Shown by Move to Buy Smithfield, World's Leading Pork Producer. Earth Policy Institute. http://www.earth-policy.org/data_highlights/2013/highlights39

Ma J.K., Hiatt A., Hein M., Vine N.D., Wang F., Stabila P., van Dolleweerd C., Mostov K., and Lehner T. (1995). Generation and assembly of secretory antibodies in plants. Science. 268: 716-719.

Mandel M.A. and Yonofsky M.F. (1995). A gene triggering flower formation in Arabidopsis. Nature. 377: 522-524.

Martín-Alonso J.M., Castañón S., Alonso P., Parra F., Ordás R. (2003). Oral Immunization using Tuber Extracts from Transgenic Potato Plants Expressing Rabbit Hemorrhagic Disease Virus Capsid Protein. Transgenic Research. 12: 127-130.

Mason H.S. and Arntzen C.J. (1995). Transgenic plants as vaccine production systems; Trends in Biotechnol. 13: 388-392.

Mendoza de Gyves E., Sparks C.A., Sayanova O., Lazzeri P., Napier J.A. *et al.* (2004). Genetic manipulation of gamma-linolenic acid (GLA) synthesis in a commercial variety of evening primrose (*Oenothera* sp.). Plant Biotechnol. J. 2: 351–357.

Okita T.W. (1998). Engineering Plant Starches by the Generation of Modified Plant Biosynthetic Enzymes. In: Engineering Crops for Industrial End Uses, Shewry P.R., Napier J.A. and Davis P., eds. Portland Press.

ONU and FAO (2001). Evaluación de la alergenicidad de los alimentos modificados genéticamente. Informe de una Consulta FAO/OMS de Expertos sobre alergenicidad de los alimentos obtenidos por medios biotecnológicos 22 – 25 de enero de 2001, Roma, Italia.

Ow, D.W. (1998). Prospects of engineering heavy metal detoxification genes in plants. In: Engineering Crops for Industrial End Uses, Shewry P.R., Napier J.A. and Davis P., eds. Portland Press.

Pastorello E.A., Pravettoni V., Ispano M., Farioli L., Ansaloni R., Rotondo F., Incorvaia C., Asman I., Bengtsson A. and Ortolani C. (1996). Identification of the allergenic components of kiwi fruit and evaluation of their cross-reactivity with timothy and birch pollens. J Allergy Clin Immunol. 98: 601-610.

Peña L., Martín-Trillo M., Juárez J., Pina J.A., Navarro L. and Martínez-Zapater JM. (2001). Constitutive expression of Arabidopsis LEAFY or APETALA1 genes in citrus reduces their generation time. Nature Biotechnology. 19: 263-267.

Roy M. and Wu R. (2001). Arginine decarboxylase transgene expression and analysis of environmental stress tolerance in transgenic rice. Plant Science. 160: 869-875.

Sala F., Rigano M., Barbante A., Basso B., Amanda M., Walmsleyand A. and Castiglione S. (2003). Vaccine antigen production in transgenic plants: strategies, gene constructs and perspectives. Vaccine 21: 803-808.

Senior I.J. and Dale P.J. (1996). Plant transgene silencing-gremlin or gift? Chemistry and Industtry 19: 604–608.

Stekolschik G. (2006). Plásticos biodegradables. Cable semanal 611, oficina de prensa-SEGB, Argentina, pp. 4-6.

Taniai K., Inceoglu A.B. and Hammock B.D. (2002). Expression efficiency of a scorpion neurotoxin, AaHIT, using baculovirus in insect cells. Applied Entomology and Zoology. 37: 225-232.

Töpfer R., Martini N. and Schell J. (1995). Modification of Plant Lipid Synthesis. Science. 268: 681- 686.

Tucker G. (2003). Nutritional enhancement of plants. Current opinion in Biotechnology. 14: 221-225.

United Nations, Department of Economic and Social Affairs, Population Division (2013). World Population Prospects: The 2012 Revision, Key Findings and Advance Tables. Working Paper No. ESA/P/WP.227.

Wolfenbarger L.L. and Phifer P.R. (2000). The Ecological Risks and Benefits of Genetically Engineered Plants. Science. 290: 2088-2093.

Glosario

Alimentos GM: alimentos derivados enteramente o en parte por variedades GM.

Alelo: una de las formas alternativas de un gen que pueden existir en un determinado sitio de los cromosomas. Producen variaciones en características heredadas como, por ejemplo, el color de ojos.

Aminoácidos: las 20 moléculas que constituyen el componente básico de las proteínas.

Base nitrogenada: parte variable de los nucleótidos que componen los ácidos nucleicos: la adenina (A) y la guanina (G) son púricas, y la timina (T), la citosina (C) y el uracilo (U) son pirimidínicas. Por comodidad, cada una de las bases se representa por la letra indicada. Las bases A, T, G y C se encuentran en el ADN, mientras que en el ARN en lugar de timina aparece el uracilo.

Biodiversidad: la variabilidad de flora y fauna en el ambiente natural.

Biofortificación: técnica utilizada para elevar el nivel de micronutrientes presentes en los alimentos.

Biotecnología: es el conjunto de tecnologías que utilizan organismos vivientes (bacterias, levaduras, células vegetales o animales) o sus componentes para el desarrollo de nuevos productos o procedimientos. En esta definición entra ala biotecnología tradicional, como la utilización de actividades de fermentación de los microorganismos y aquellas 'innovativas' que recurren a las técnicas de ingeniería genética, antes que todas aquella del ADN recombinante.

ADN (ácido desoxirribonucleico): el ADN es una molécula que constituye los genes. Su estructura es a doble hélice encierra y transmite todas las informaciones necesarias para el desarrollo y las funciones biológicas y reproductivas de una sola célula o de un individuo multicelular.

ADN recombinante: técnica de la ingeniería genética que permite la extracción del ADN de la célula de un organismo, aislar los genes que interesan e insertarlos (eventualmente después de haberlos modificado) en células de organismos diferentes. De este modo es posible modificar la información genética de un organismo y por lo tanto transmitirles las características que no tenía.

Código genético: establece la correspondencia entre las 64 tripletas de bases posibles y los 20 aminoácidos.

Codón: triplete de nucleótidos que representa un aminoácido o una señal de terminación de la traducción.

Cromosoma: estructura celular que contiene muchos genes. Está constituido por una molécula de ADN muy larga asociada a proteínas y está visible como una entidad morfológica sólo durante la división celular.

Efecto pleiotrópico: observación de cambios imprevistos de varias características en los organismos genéticamente modificados cuando se esperaba que solo una característica debería haber cambiado.

Efecto de Posición: efecto basado en la influencia y en la diferente intensidad de un *transgen* sobre otros genes dependiendo de su posición en el genoma.

Enzima: proteína que funciona como catalizador biológico, es decir, que tiene la capacidad de facilitar o hacer realizable (por temperatura y condiciones fisiológicas) una específica reacción bioquímica. En el caso específico de la enzima de restricción, se refiere a un tipo de proteínas que reconocen el ADN que corresponden a breves secuencias específicas y lo cortan.

Fenotipo: es la expresión del genotipo en función de un determinado ambiente. Los rasgos fenotípicos comprenden los rasgos físicos y conductuales.

Gen: pequeñísima cantidad de ADN situada en el núcleo de la célula, capaz de duplicarse, mutar y transmitirse indefinidamente por herencia. Es la unidad fundamental del sistema genético, determina las características estructurales y funcionales de cada individuo.

Gen marcador: gen que confiere la resistencia a un antibiótico o a la capacidad de desarrollar una particular coloración. Permite identificar las bacterias de las células vegetales que han incorporado el ADN que contiene la secuencia del gen marcador.

Genoma: el patrimonio hereditario de un organismo que corresponde, en sentido físico, al total de ADN.

Genotipo: combinación de los alelos presentes en un organismo.

Heterocigoto: individuo diploide con dos alelos diferentes de un particular gen.

Homocigota: individuo diploide que posee el mismo alelo de un gen en las dos copias del genoma.

Ingeniería genética: el conjunto de técnicas multidisciplinarias dirigidas a aislar, analizar y modificar elementos del patrimonio genético de un organismo o de un individuo.

Operón: conjunto de genes que actúan en bloque, dentro de una determinada vía biosintética. Cada operón está representado por una serie de genes que se encuentran en el mismo cromosoma.

OGM: es la sigla con la cual se indican los Organismo Genéticamente Modificados, aquellos que sus características han sido mejoradas con la técnica del ADN recombinante.

Promotor: el promotor de un gen es la región de ADN que controla la iniciación de la transcripción de dicho gen a ARN. Esta región está compuesta por una secuencia específica de ADN localizado justo donde se encuentra el punto de inicio de la transcripción del ADN y contiene la información necesaria para activar o desactivar el gen que regula.

Plásmido: es una molécula de ADN extra cromosómico circular o lineal que se replica y transcribe independiente del ADN cromosómico. Los plásmidos están presentes normalmente en bacterias, y en algunas ocasiones en organismos eucariotas como las levaduras.

Transcripción: síntesis de mARN utilizando el ADN como modelo.

Transgénico: es el organismo, vegetal o animal, en el cual, han sido aportados cambios a su genoma mediante modificación o introducción de genes con la técnica del ADN recombinante.

Transgen: palabra inglesa españolizada utilizada para referirse a un gen que describe cualquier secuencia de ADN, aislada de un organismo o creada en laboratorio, introducida artificialmente en otro organismo. El transgen se utiliza en la creación de los llamados OGM.

Recombinación genética: es el proceso por el cual una hebra de material genético, normalmente ADN, pero también puede ser ARN, se corta y luego se une a una molécula de material genético diferente.

www.ingramcontent.com/pod-product-compliance
Lightning Source LLC
Chambersburg PA
CBHW060902170526
45158CB00001B/455